酶催化香气 (花果) Enzymatic	焦糖化香气 (褐色) Sugar Browning	干馏反应香气 (烘焙) Dry Distillation	瑕疵缺陷香气 (其他) Aromatic Taint
2 土豆 Potato	**10** 香草 Vanilla	**6** 雪松，杉木 Cedar	**1** 泥土 Earth
3 豌豆，青豆 Garden peas	**18** 黄油 Butter	**7** 像丁香的 Clove-like	**5** 干草，稻草 Straw
4 黄瓜 Cucumber	**22** 吐司 Toast	**8** 胡椒 Pepper	**13** 咖啡果肉 Coffee Pulp
11 茶香月季 Tea Rose	**25** 焦糖 Caramel	**9** 香菜籽 Coriander Seeds	**20** 皮革 Leather
12 咖啡花 Coffee Blossom	**26** 黑巧克力 Dark Chocolate	**14** 像黑加仑的 Black Currant-like	**21** 香米 Basmati Rice
15 柠檬 Lemon	**27** 烤杏仁 Roasted Almonds	**23** 麦芽 Malt	**31** 熟牛肉 Cooked Beef
16 杏 Apricot	**28** 烤花生 Roasted Peanuts	**24** 甘草 Liquorice	**32** 烟 Smoke
17 苹果 Apple	**29** 烤榛子 Roasted Hazelnuts	**33** 烟丝 Pipe Tobacco	**35** 药味 Medicinal
19 蜂蜜味的 Honeyed	**30** 核桃 Walnuts	**34** 烘焙咖啡 Roasted Coffee	**36** 橡胶 Rubber

彩图 4-1　法国咖啡闻香瓶分类描述表

注：书中英文对应的中文翻译取自从业人员的习惯用法，可能会有细微差别。

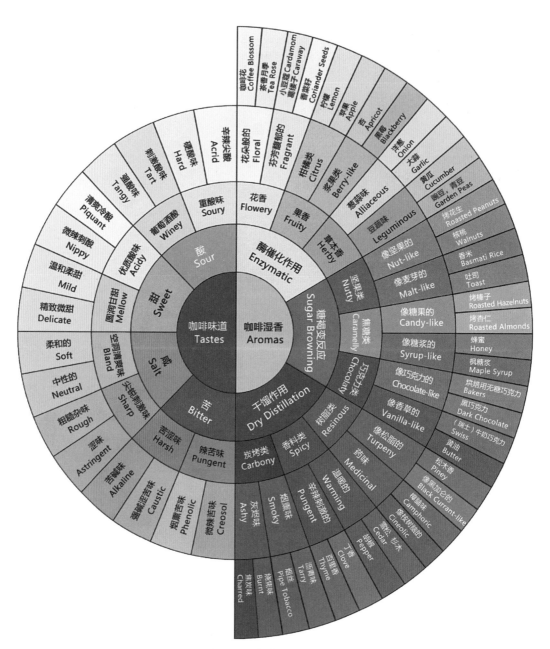

彩图 4-2　经典版咖啡风味轮
（资料来源：SCA 官网）

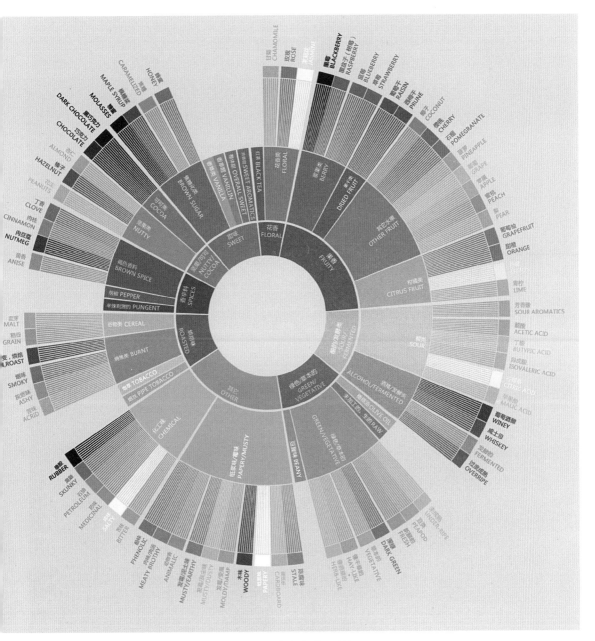

彩图 4-3　新版咖啡风味轮
（资料来源：SCA 官网）

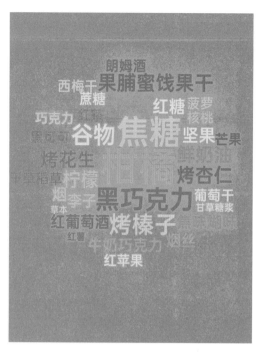

彩图 6-1 中国咖啡消费者（全体）最高频使用的风味关键词

彩图 6-2 中国咖啡爱好者最高频使用的风味关键词

彩图 6-3 中国咖啡从业者最高频使用的风味关键词

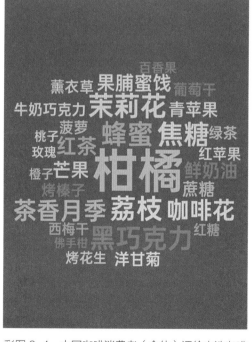

彩图 6-4 中国咖啡消费者（全体）评价水洗咖啡时最高频使用的风味关键词

彩图 6-5　中国咖啡消费者（全体）评价非水洗咖啡时最高频使用的风味关键词

彩图 6-6　中国咖啡消费者（全体）评价云南精品咖啡时最高频使用的风味关键词

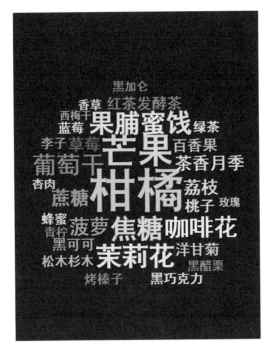

彩图 6-7　中国咖啡消费者（全体）评价埃塞俄比亚精品咖啡时最高频使用的风味关键词

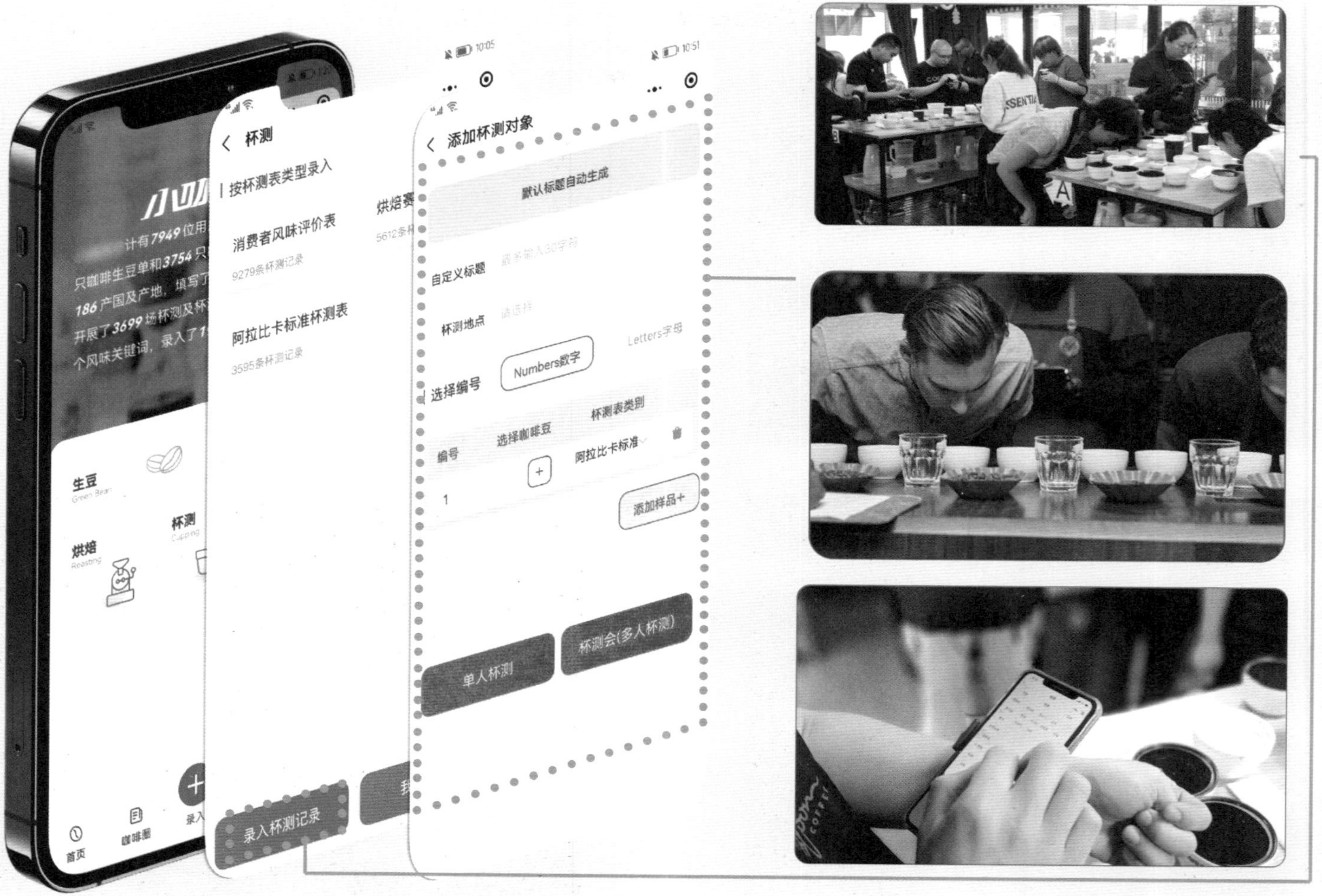

彩图 9-1 使用手机进行杯测评估已经是咖啡行业里的主流趋势

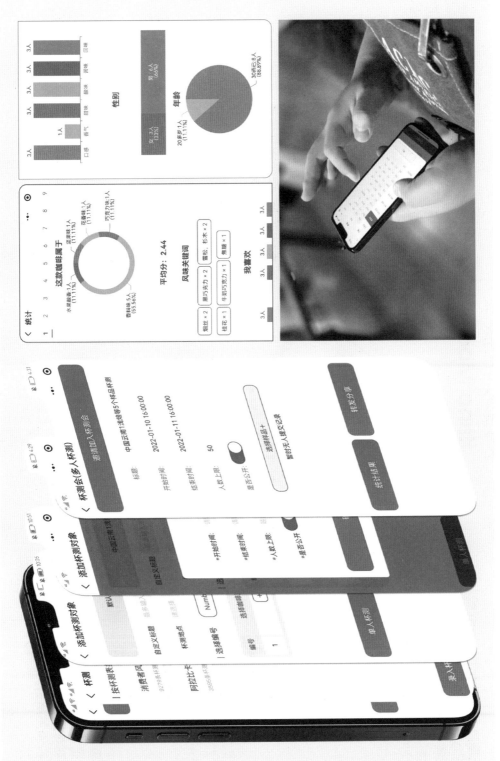

彩图 9-2　除杯测外，另有"杯测会模式"便于团队杯测评估和后续统计分析

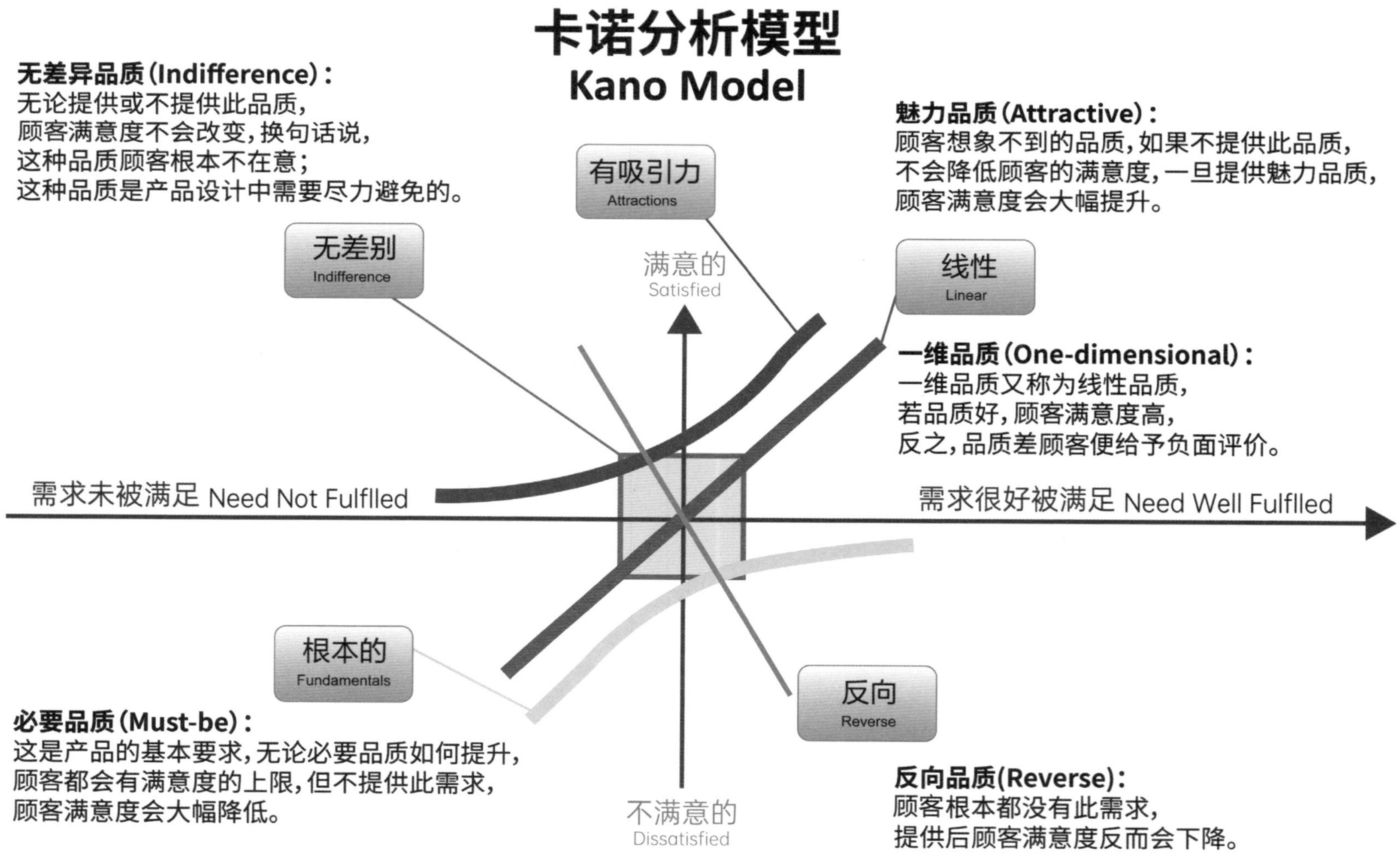

卡诺分析模型
Kano Model

魅力品质 (Attractive)：
顾客想象不到的品质，如果不提供此品质，
不会降低顾客的满意度，一旦提供魅力品质，
顾客满意度会大幅提升。

一维品质 (One-dimensional)：
一维品质又称为线性品质，
若品质好，顾客满意度高，
反之，品质差顾客便给予负面评价。

反向品质 (Reverse)：
顾客根本都没有此需求，
提供后反而会下降。

无差异品质 (Indifference)：
无论提供或不提供此品质，
顾客满意度不会改变，换句话说，
这种品质顾客根本不在意；
这种品质是产品设计中需要尽力避免的。

必要品质 (Must-be)：
这是产品的基本要求，无论必要品质如何提升，
顾客都会有基本满意度的上限，但不提供此需求，
顾客满意度会大幅降低。

线性
Linear

有吸引力
Attractions

反向
Reverse

无差别
Indifference

根本的
Fundamentals

满意的
Satisfied

不满意的
Dissatisfied

需求很好被满足 Need Well Fulflled

需求未被满足 Need Not Fulflled

彩图 9-3　卡诺模型

咖啡品鉴师

齐 鸣 著

中国轻工业出版社

图书在版编目（CIP）数据

咖啡品鉴师 / 齐鸣著. —北京：中国轻工业出版社，2023.6

ISBN 978-7-5184-4076-4

I.①咖… II.①齐… III.①咖啡—品鉴 IV.①TS273

中国版本图书馆 CIP 数据核字（2022）第 129499 号

责任编辑：王晓琛　　　责任终审：高惠京
整体设计：锋尚设计　　责任校对：宋绿叶　　责任监印：张京华

出版发行：中国轻工业出版社（北京东长安街6号，邮编：100740）
印　　刷：艺堂印刷（天津）有限公司
经　　销：各地新华书店
版　　次：2023年6月第1版第2次印刷
开　　本：787×1092　1/16　印张：9.5
字　　数：200千字　插页：4
书　　号：ISBN 978-7-5184-4076-4　定价：68.00元
邮购电话：010-65241695
发行电话：010-85119835　传真：85113293
网　　址：http://www.chlip.com.cn
Email：club@chlip.com.cn
如发现图书残缺请与我社邮购联系调换
230809K1C102ZBW

前 言

咖啡品鉴师来了

　　本书是我写给咖啡的情书与赞歌。过去的十五年间，从咖啡馆门店到咖啡学院，再到咖啡产业链数字化转型，我一直在咖啡领域摸爬滚打，有幸见证了中国偌大一个咖啡消费市场从呱呱坠地、蹒跚学步直至义无反顾跑起来的全过程。这十余年间，我也出版了多本咖啡书籍，涉及咖啡应用技术、商业经营、历史文化等，但提笔开始本书创作时，依旧心潮澎湃，兴奋不已。作为一名资深从业者，我能充分意识到本书对于整个新兴咖啡产业的重要性与迫切性，宛如一只木桶补上了缺失的那块短板，又宛如藏宝拼图找到了最关键的那枚碎片……

　　我希望从两个方面阐述一番《咖啡品鉴师》一书的价值所在，以期引起读者共鸣。

　　一方面，咖啡是一种风味复杂的食品（饮品），需要从食品工业的视角来看待，更有着一条"从种子到杯子，再进肚子"的冗长产业价值链，从上游种植加工与进出口贸易，到中游烘焙生产与物流仓储，再到下游的线上线下批发和零售，涉及方方面面、林林总总，却又环环相扣、相辅相成，全球超过1.35亿人从业与咖啡密切相关。这使得任何咖啡企业与个人，不仅视角应该是全局性的，解决问题的思路也不应局限一隅。

　　那么严峻的问题便接踵而至：如何有效且高效去做全产业链品控？让咖啡师去搞定生豆采买吗？让生豆商去了解门店经营吗？让烘焙师去频繁接触顾客吗？让种植者去锁定呈杯风味吗？……显然，全产业链品控应有专门的人才和岗位匹配。具备全局性视野和认知的咖啡品鉴师正是在此背景下崛起的，他们因"品控"而生，是咖啡产业链上冉冉升起的新星，是最为众望所归的新兴咖啡职业，也是最被人给予厚望的"咖啡全局掌控者"。

　　但可惜的是，走向舞台中心聚光灯下的他们目前还离期望很远。真正的咖啡品鉴师至少应具备如下三项能力。第一，会喝咖啡，融入咖啡的世界。用最灵敏的味觉、嗅觉、触觉和视觉去感知咖啡，用细腻的心灵去体悟咖啡，用生动的语言去描述咖啡。第

二，能够一边倾听消费者的声音，一边牵手咖啡供应链，成为彼此间最为有效的沟通桥梁。优秀的咖啡品鉴师既是出色的顾客，也是优秀的产品经理，这种"共情"的能力至关重要。第三，咖啡品鉴师始于品控，却不止于品控，不仅能够从感官评估层面发现问题，还要能够指出问题的根源，更要能够提出解决问题的完整方案。前不久便有一家规模很大的咖啡企业老板向我倾诉："我们要的不是QGrader的杯测表，几张纸一文不值，我们要的是能够落地的解决方案，要的是告诉我们接下来该怎么做……"我相信，绝大部分咖啡企业都能对此产生共鸣。

另一方面，我国咖啡消费市场正在迅速从过往的生产导向型、销售导向型向市场导向型和价值导向型转变，顾客消费体验越来越成为竞争的目的，而风味品质正是食品的感官价值所在，是一切的前提与基石。仅仅运用仪器设备与化学检验等方法来做食品评价分析已远远不够，贴近顾客、感知顾客才能使产品最终落地、拿下市场占有率、为顾客与企业创造价值。这个问题更加重要！

在实践中我接触到了两类典型咖啡人，一类是相关大专院校和科研机构里的学者专家型咖啡人，他们中不乏高学历、高职称，专注于探索咖啡的风味奥秘，拥有先进的实验室和价值动辄数百万的仪器设备，可以分析出任何咖啡产品的风味物质成分及占比，咖啡的秘密似乎尽在他们的研究成果里，他们对于推动咖啡科学事业居功至伟。但可惜的是，他们中的一部分人不怎么喝咖啡，不了解咖啡产业价值链，更没有亲身下场、深度接触过咖啡顾客和商业生态环境，他们还不清楚咖啡究竟如何创造价值。还有一类人则是第一线的咖啡从业者，咖啡师、咖农、烘焙师、生豆商、咖啡店主等是他们的核心身份，他们依赖咖啡生存，对咖啡充满了热爱，整日与咖啡厮守。他们认真喝过至少上千杯不同的咖啡，熟悉咖啡从种子到杯子的每一个细节。但可惜的是，他们缺乏一整套集合食品化学、心理学、生理学、统计学等于一体的应用科学体系，缺少先进的食品理化分析手段，缺少将日复一日的实践经验内化沉淀的方法论。不懂食品科学就是不懂咖啡科学，他们其实也没搞懂咖啡。那么，这两类典型的咖啡人能否融合呢？或许冉冉升起的咖啡品鉴师正是我们苦苦寻觅的答案。

好了，我理想中的咖啡品鉴师其实是咖啡品质鉴定师的简称，理应兼有如上两类咖啡人之长，以感官评估入手，放眼咖啡全产业链，知其然，更知其所以然，实践为王，解决问题为先，既懂供应链流程，又懂终端落地，还懂顾客需求和价值所在，能够与顾

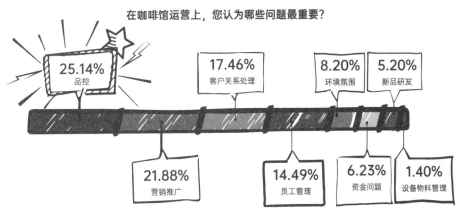

在咖啡馆运营上，您认为哪些问题最重要？

25.14% 品控

17.46% 客户关系处理

8.20% 环境氛围

5.20% 新品研发

21.88% 营销推广

14.49% 员工管理

6.23% 资金问题

1.40% 设备物料管理

图 0-1　品控是目前全国咖啡店主们最为关心的问题
（数据来源：咖啡沙龙 2022 年《咖啡年刊》）

客深入互动，能够构建一整套的咖啡解决方案。

时代的发展、科技的进步无疑是对我此番论断最好的支持。随着智能咖啡研磨冲煮设备的普及，大部分咖啡馆门店吧台的"C位"（即核心位置）越来越不再属于人类咖啡师。仅仅只看我们铂澜咖啡学院（后简称铂澜）的学员，便能数出不少于十家智能咖啡设备的生产商。我们真要和机器比拼一杯又一杯制作咖啡的稳定性吗？比拼咖啡制作上的投入产出比吗？这些环节人类肯定不是机器的对手，那么就此认输投降吗？非也，积极转型方为上策，去做我们人类擅长的事情才是正途。而以客服为最终导向的品质鉴定正是最佳的转型方向，咖啡品鉴师正是最佳的未来咖啡职业选择。当然，我们还能从用工成本的持续增加、自由职业者时代的到来等更多维度找到理由。

除此以外，我们还必须意识到咱们中国人的咖啡大众化消费时代正在到来，接地气的咖啡正在向我们走近。咖啡消费正在融入日常生活的各种不同场景中，而纯粹地、正襟危坐地品鉴黑咖啡并不属于大概率事件，只有将咖啡轻松惬意地纳入到更加宽泛的日常餐饮生活中才可能迎来咖啡消费的进一步大爆发。不同性别、年龄、职业的人群如何品尝感受咖啡的美好？咖啡与茗茶、酒水之间的感官体验有何异同？咖啡如何用来配餐（以咖啡配餐，餐是主角）？餐食如何搭配咖啡（以轻食配咖啡，咖啡是主角）？什么样的咖啡适合搭配中餐？咖啡与其他饮食文化之间有何关联？……问题将无穷无尽，而所有这一切都将是咖啡品鉴师必须关注的创新领域。

过往一切，皆是序章。我无比坚信，属于咖啡品鉴师的时代来了！

目 录

第 1 章

咖啡味觉基础篇

品味咖啡

1.1　什么是味觉？我们的味觉是如何产生的？ 012

1.2　味蕾是什么？味蕾就是味觉的感受器吗？ 013

1.3　人的味觉主要有哪几种，在咖啡品鉴中都用得上吗？ 014

1.4　舌面上的不同部位是用来感受不同味道吗？ 014

1.5　为什么说味觉感受因人而异？ 016

1.6　为什么说品尝温度对于味觉感受影响很大？ 018

1.7　经常听到的"味阈"一词究竟是什么意思？ 019

1.8　作为一名咖啡品鉴师，你知道味觉基本特征有哪些吗？ 019

1.9　一杯黑咖啡，我们追求的是什么样的味道呢？ 021

1.10　咖啡里会有鲜味吗？ 022

1.11　如果说辣不是味道，那么究竟是什么呢？ 022

1.12　涩是不是一种味道？ 023

1.13　第六大基础味道"脂肪味"存在于咖啡里吗？ 023

1.14　电子仪器是否能够取代人的感受来做咖啡感官评价？ 024

第 2 章

咖啡味觉进阶篇

咖啡中的酸甜咸苦

2.1　甜味究竟从何而来？　　　　　　　　　　　　028

2.2　甜味的强度和阈值是怎样定义的？　　　　　　029

2.3　品尝咖啡时感受到的甜是来自蔗糖吗？　　　　030

2.4　咖啡饮品中能够添加甜味剂吗？　　　　　　　031

2.5　重要性不亚于甜味的咸味是怎样产生的？　　　032

2.6　咸味就是食盐（氯化钠）的味道吗？　　　　　033

2.7　黑咖啡里是否有咸味？　　　　　　　　　　　034

2.8　酸味究竟从何而来？　　　　　　　　　　　　035

2.9　影响黑咖啡酸味强弱的因素有哪些？　　　　　036

2.10　为什么我们常喝到的黑咖啡会是酸的，咖啡里的酸味从何而来？　038

2.11　苦味是怎样产生的？　　　　　　　　　　　038

2.12　为什么说咖啡的流行与苦味密切相关？　　　039

2.13　黑咖啡里的苦味究竟从何而来？　　　　　　040

第 3 章

咖啡嗅觉基础篇

嗅闻有玄机

3.1　究竟嗅觉感受是如何产生的？　　　　　　　　042

3.2　为什么说嗅觉感受很重要但往往被忽视呢？　　043

3.3　为什么说我们的鼻子非常神奇？　　　　　　　044

3.4　调动嗅觉感受有技巧吗？　　　　　　　　　　045

3.5　为什么品鉴咖啡香气时，经常提到啜吸？　　　046

3.6　鼻前嗅觉和鼻后嗅觉究竟是怎么回事？　　　　046

3.7　范式试验怎么做？　　　　　　　　　　　　　047

3.8　周遭环境等外界因素对于嗅觉影响大吗？　　　048

3.9 如何克服嗅觉疲劳？ 049

3.10 嗅觉是否会因人而异？ 050

3.11 不同香气之间有哪些彼此作用？ 051

3.12 为什么会有关于咖啡品质的"香气决定论"？ 051

第4章

咖啡嗅觉进阶篇

闻香识咖啡

4.1 定义咖啡香气前，怎样了解香气的分类？ 056

4.2 咖啡香气如此复杂，我们应该怎样学习咖啡香气呢？ 058

4.3 能否介绍一下法国咖啡闻香瓶？ 060

4.4 法国咖啡闻香瓶该当如何使用？ 061

4.5 能否讲解一下经典版咖啡风味轮？ 062

4.6 能否再介绍一下 WCR 版咖啡品鉴师风味轮？ 065

4.7 如何利用新版咖啡风味轮的配色提升学习记忆效果？ 066

4.8 中国有没有属于自己的咖啡品鉴师风味轮或香气轮？ 067

第5章

咖啡触觉篇

口感学问大

5.1 品尝咖啡时经常提到的触觉或口感究竟是什么？ 072

5.2 品尝咖啡时的触感或口感重要吗？ 073

5.3 触感与味道的交互关系是怎样的呢？ 074

5.4 咖啡中的涩究竟是味觉还是触觉？ 075

5.5 咖啡杯测中的触感评价是什么意思？ 076

5.6 咖啡杯测中怎样评价触感的高低优劣呢？ 077

5.7 咖啡的"Body"（体脂感/醇厚度）受哪些环节或因素影响决定？ 077

第 6 章

咖啡风味上篇

风味与风味物质

6.1 经常听到"风味"这个词，那么什么叫作风味呢？　080

6.2 食品风味是否能够分类，咖啡属于哪一类呢？　081

6.3 一个基本且重要的概念：什么是风味物质？　082

6.4 我们该怎样入手系统性地研究咖啡风味呢？　083

6.5 怎样通过气质联用仪来做咖啡风味物质研究分析？　086

6.6 咖啡中有哪些重要的风味物质？　087

6.7 咖啡生豆中蔗糖含量高意味着风味上会有哪些特点？　090

6.8 咖啡因给咖啡呈杯风味带来的是什么？　090

6.9 能否介绍一下第一阶段的中国咖啡消费风味调查白皮书？　091

第 7 章

咖啡风味中篇

从树种到生豆

7.1 阿拉比卡与罗布斯塔究竟有哪些风味差异？　094

7.2 阿拉比卡一定就比罗布斯塔高级好喝吗？　095

7.3 欧基尼奥伊德斯种咖啡属于什么风味？　096

7.4 咖啡树种与风味之间有哪些关联？　097

7.5 田间管理环节也会影响咖啡风味吗？　098

7.6 咖啡鲜果采摘环节与咖啡风味之间有关系吗？　099

7.7 咖啡果皮颜色与呈杯风味之间有哪些关联？　101

7.8 加工处理环节与咖啡风味之间有哪些关联？　102

7.9 与水洗或日晒相比，蜜处理的风味特点是什么？　103

7.10 印度尼西亚苏门答腊曼特宁采用的湿剥法有哪些特殊的风味追求？　104

7.11 加工处理过程中有发酵存在吗？发酵的本质是什么？　105

7.12 什么是厌氧处理？厌氧处理法有什么风味特点？　108

7.13 猫屎咖啡是不是真的有些特色风味？　109

第 8 章

咖啡风味下篇

从烘焙到冲泡

8.1 咖啡豆烘焙的过程分为几个阶段，哪个阶段与风味发展有关联？ **112**

8.2 不同烘焙程度与风味之间有何关系？ **113**

8.3 样品杯测应该采取什么烘焙程度最为合适？ **116**

8.4 咖啡烘焙度应该如何锁定并确保最佳的呈杯风味？ **116**

8.5 经常听说"养豆"一词，那么咖啡烘焙后养豆是必需的吗？ **118**

8.6 为了确保最终呈杯风味，研磨环节应该注意哪些基本原则？ **119**

8.7 我们该如何控制好研磨粗细度和一致性？ **121**

8.8 什么是萃取不足、理想萃取与萃取过度？ **123**

8.9 冲泡萃取控制表与呈杯风味之间有何关系？ **125**

8.10 怎样才能灵活掌控冲泡从而控制呈杯风味品质？ **128**

8.11 咖啡冲泡用水与呈杯风味品质有何关系？ **130**

第 9 章

咖啡品控篇

感官评价与杯测评估

9.1 咖啡的风味感官评价究竟要做什么？ **134**

9.2 杯测的意义是什么？ **136**

9.3 杯测究竟是什么？如何开展杯测？ **137**

9.4 怎样了解杯测的评价尺度？ **139**

9.5 杯测评估第一步仅针对香气吗？应该如何开展？ **141**

9.6 杯测评估第二步是针对哪些内容？应该如何开展？ **142**

9.7 杯测评估第三步是针对哪些内容？应该如何开展？ **143**

9.8 杯测评估第四步是最后评分吗？应该如何开展？ **144**

9.9 如何用手机开展杯测？ **146**

9.10 为什么说咖啡品鉴师需要关注并应用卡诺模型？ **148**

参考文献 **151**

第1章

咖啡味觉基础篇

品味咖啡

1.1 什么是味觉？
我们的味觉是如何产生的？

翻开这本书，仿佛一股迷人的咖啡风味扑面而来，那种香气，那般味道，还有唇齿间弥久不散的气息……抿抿嘴，暂忍住垂涎，让我们就此开启咖啡与味觉的话题，不妨先从味觉的概念聊起。

简单来说，味觉（Gustation）是指口腔或味觉感受器官感受到外界味觉物质刺激而产生的一种感觉，是人体重要且基本的生理感觉之一。动物（当然也包括我们自己）不管是摄取有利物质，还是排出有害物质，都需要依靠味觉这种重要感觉功能——就此才能产生规避性行为（如畏惧苦味等）或趋向性行为（如酷爱甜食等）。因此，味觉在很大程度上决定着我们对饮食的选择，使我们能根据自身需要及时补充有利于生存的营养物质，并在摄食调控、机体营养及代谢调节等环节均起到重要作用。

那么我们的味觉是如何产生的呢？感受味觉要靠味觉感受器，我们将其称为味蕾（Taste Buds）。只有能溶解、有味道的物质在口腔中适当刺激味觉感受器，才能给我们带来味觉感受，我们经常将其称为"可溶解物质（Soluble Substances）""可溶解风味物质"或"可溶滋味物质"等。咖啡豆中能够带来味觉感受的物质量是有限的，阿拉比卡种咖啡熟豆中可溶解物质占比一般不超过30%，而剩余约70%则是完全不可溶解的咖啡渣（图1-1）。现如今混掺有咖啡渣的环保制品越来越多，从吸管到咖啡杯等应有尽有，便与咖啡渣的不溶解特性有一定关系。

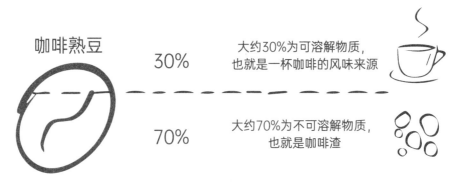

图 1-1　咖啡熟豆中可溶解物质占比一般不超过 30%

1.2 味蕾是什么？
味蕾就是味觉的感受器吗？

我们紧接着上一个味觉话题继续展开，聊一下大名鼎鼎的味蕾。

人体的舌头上有着接近50万个由上皮细胞分化而来的味细胞，我们又将其叫作味觉细胞，而50～60个形状细长的味细胞组成1个味蕾，也就是说人体平均约有9000个味蕾，就好似一朵朵含苞待放的花蕾。味细胞上有着支配味蕾的感觉神经末梢，溶解的呈味物质借助舌头及口腔的运动顺着味孔进入味蕾，通过微绒毛抵达味细胞，再由味细胞将感受到的刺激传递给大脑，因此我们说味蕾是人体的味觉感受器。

不同物种味蕾数量和分布差异很大，人体味蕾主要分布在舌表面和舌缘，舌底面、口腔内咽部黏膜的表面、软腭等处也有些许分布。我们可以更加具体地描述呈味过程：我们分泌出唾液这种优质的天然溶剂，将呈味物质溶解，当溶液中的味觉刺激物反馈到味蕾时，味蕾中味细胞的感觉神经末梢就将这种刺激的化学能转化为神经能，然后沿舌咽神经传至大脑中央后回，味觉感受就此形成（图1-2）。

一名成年人的味蕾数量大约为9000个（部分能达到1万），不管是美食还是咖啡、茶饮、酒水带给我们的美好味觉体验都由此而来。纵使是口头描述或文学描写中，也不乏大量关于味蕾的美好句子。诸如"美食不仅是味蕾的享受，更是一段回忆……""故乡的美食，儿时的味蕾""禁不住诱惑的味蕾""对得起自己的味蕾""味蕾上的乡愁"云云。

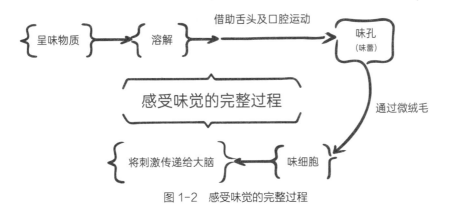

图1-2　感受味觉的完整过程

1.3 人的味觉主要有哪几种，在咖啡品鉴中都用得上吗？

成语"酸甜苦辣"表面上指的是各种味道，往往用来形容人生境遇和复杂心情。《礼记》中记载有"五味，六和，十二食"等文字，这里的"五味"是酸、甜、苦、辣和咸的合称，更由此引出了"五味俱全""五味杂陈"等诸多成语。

但若科学定义味觉感受，却并不包含"辣"在内，我们所说的五大味觉是甜、咸、酸、苦和鲜这五种，平日里我们所尝所感都是这五种味觉感受复杂混合、相互影响、彼此干扰的结果，最终使得人可以分辨5000余种味觉信息。而"辣"则是化学物质刺激细胞，在大脑中形成了类似于灼烧的刺激感觉，可以理解为热感与痛感的叠加，并不属于味觉感受范畴。

若进一步在咖啡品鉴或葡萄酒品鉴体系中探讨味觉，一般只强调并探讨四种基础味道：甜、咸、酸、苦，这其中又以甜、酸、苦三味最为关键。一杯好咖啡中多味皆有，但强弱不一，却能彼此完美融和，相得益彰，令人感受到美好。我们咖啡品鉴师也注意到，在评茶师或评茶员的体系中，一般是将味觉感受与后文将要谈到的触觉感受合在一起称为"味感"，包括：甜、酸、苦、辣、鲜、涩、咸、碱、金属味等，具体再做感官描述时会将这一评价环节放在香气评价与叶底评价之间，叫作"滋味评价"，利用数十个形容词或名词来加以区分，每个词表征的味觉感受及触感差异都要加以区分并形成共识，诸如：回甘、浓郁、醇厚、浓醇、鲜醇、甘鲜、醇爽、醇正、醇和、平和、清淡、淡薄等，显然这里边也蕴含有与咖啡迥然不同的文化因素，在此我们就不作特别展开了。

1.4 舌面上的不同部位是用来感受不同味道吗？

很多年前学习咖啡品鉴或葡萄酒品鉴时，我们都不难看到一张著名的"舌面味觉分区图"，该图将舌面划分为多个不同区域，分别对应于不同的味道感受。因此很多人会产生误解，认为舌面上的不同部位分别用来感受特定的味道，诸如舌尖对应甜味、舌根对应苦味等。很显然，这是一种误解，根源来自1901年德国科学家大卫·保利·汉尼格（David Pauli Hänig）使用蔗糖、氯化钠、盐酸与硫酸奎宁这四种味觉刺激物来测定舌周的味阈，得到了一系列结论，诸如甜味敏感性在舌尖部最大而在舌根部最小等。到了1942年，哈佛大学心理学家埃德温·波林（Edwin Boring）在对汉尼格的资料进行重新评价与实际计算敏感性评分的平均阈值后，大名鼎鼎的"舌面味觉分区图"就此诞生（图1-3）。波林绘制的舌面味觉感受分区图总共包括四个区间：甜味感受区，位于舌尖；咸味感受区，位于舌中前；苦味感受区，位于舌根；酸味感受区，位于舌两侧后半部。1990～1991年，我国学者将其翻译引入中国，从此广为传播。

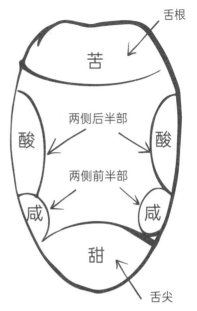

图 1-3 埃德温·波林绘制的舌面味觉分区图

想要验证舌面味觉分区图正确与否其实并不难，如果该图是正确的话，则切断舌前部的神经将会导致甜味等尝味能力的完全丧失。但事实却是什么呢？切断这些神经对于味道感受几乎没影响。

我们来看一下真实情况。构成味蕾的味细胞具体分作不同类别，而人体舌面上的不同区域，构成味蕾的细胞种类、数量、密度、性质和分布均有不同，这导致舌面上不同区域对不同味道的感知灵敏度和强烈度是有差异的，但绝非完全对应。或许这样的两点描述合在一起更接近真相：

第一，舌头的不同部位均可感受各种味道，不同区域对不同味道的敏感度仅有微小差异。虽然很多人（包括笔者本人在内）凭借个人经验认为，舌尖部位对于甜味往往更加敏感些，舌的两侧前半部对于咸味较为敏感，舌的两侧后半部则对酸味较为敏感，舌根和软腭则有着更为强烈的苦味感知能力……但可能这也仅仅只能算是一种个性化体验。事实上，舌面前端与舌头边缘对各种味觉都是最为敏感的，因为这些区域包含的各种味蕾都最为集中。

第二，味觉感受还遵循一套神奇的抑制-释放（Release-of-Inhibition）的机制。味觉神经彼此间互相抑制，当损伤某一条神经的同时，实际上去除了其抑制其他神经的能力，因而"抑制-释放"机制补偿了这一损伤，这使得当味觉神经损伤后，日常味觉丧失并不会突然变弱或消失。

1.5 为什么说味觉感受因人而异？

每每开设咖啡感官相关课程，总有个别学员面带沮丧地来问我："齐老师，感官不好的人也能学习咖啡吗？"面对这类问题我很谨慎，生怕措辞不当造成个别学员的误解，白白让一位试图爱上咖啡的人背身远离。首先说一下基本结论：如同后文还将详细展开探讨的嗅觉那般，人的天赋各有不同，味觉感受因人而异，这种差异性既是客观事实，也有主观上的诸多原因，不能一概而论（图1-4）。事实上整个感官分析就是基于感官生理和认知心理两个维度相结合的科学方法。

首先，根据CQI（Coffee Quality Institute，咖啡品质学会）的论述，世上约有25%的人为天生味觉灵敏型，他们拥有着与生俱来的灵敏味觉；约25%的人为天生味觉迟钝型，他们的味觉相对来说显得并不突出甚至迟钝；而剩余约50%为普通人，普通人未经训练时谈不上出色，但通过后天训练和潜力激发也可以做到优秀，与那25%的天生味觉灵敏型群体比肩，甚至取得不相伯仲的成就。此外，所有人都有味觉感受上的巨大提升空间，所有人都有广阔的进步余地，所有人都可以成为出色的咖啡消费者，因此我们鼓励对咖啡感兴趣的人去学习咖啡品鉴、探索更美好的咖啡体验。但如果希望在此领域从业或创业，想要考取高级别的咖啡品鉴相关证照，还是建议适当加以遴选，将少数的天生迟钝型排除在外。

在过往长达十年的咖啡教育培训工作中，感官相关的培训占到了相当比例，我们也见到了很多感官迥异的学员，其中"天生味觉迟钝型"或"天生嗅觉迟钝型"虽时常遇到，但占比远没CQI描述的25%那般夸张，只有10%~15%，这或许因为我们是在那些热爱咖啡、主动亲近咖啡的群体中加以观察，无形中进行了一番人群"初筛"。

其次，在不同种族、年龄、性别等的人群中，味觉感官灵敏程度的群体占比也有所不同。以年龄为例，不同年龄有着截然不同的味蕾数量和分布密度，这势必影响味觉感受能力。人们舌体轮廓乳头上味蕾的数量平均有200个，少年儿童高达250个，而到了50岁，味蕾数量开始萎缩锐减，到70岁以上时，这个数量会掉落到88个左右。我们在日常实践中也不难对此有所体察：小孩子的口味较为清淡，些许辛辣就会难以招架，而很多上了年纪的朋友则对味道浓烈的食物更有适应性。当然，老年人味觉感知能力的锐减也与唾液分泌减少密切相关。

亚洲某些国家的年轻女性就有相对较高的味觉优秀率，更适合从事品酒师、品茶师和咖啡品鉴师等职业。对此，常年从事咖啡培训教学的我深有同感，很多咖啡零基础的年轻人学习咖啡品鉴就非常轻松，进步之快和成绩之优都远超部分资深从业者，而女性占比略高于男性，这些只能用天赋来解释。

其实我们还可以做一个简单的小实验：用干净的棉签蘸一两滴食用级色素（如较为醒目的蓝色），对着镜子抹在自己的舌面偏前端，然后对着镜子仔细观察。那些小疙瘩圆点便是乳突，它覆盖着的便是味蕾。如果三五人一起做上述小实验对比的话，就会发现彼此间数量差异非常大，可能相差两三倍。

再次，味觉感受能力也与此时此刻的生理状况密切相关，也可以称之为"因时而异"。比如，我们饥饿时对甜和咸的感受灵敏度就会升高，而对酸和苦的感受灵敏度则下降；吃饱以后，一切就会反转过来。味觉的感受性和嗅觉也有密切关系，如果感冒导致嗅觉下降，也会影响味觉感受能力。参加咖啡品鉴师等感官考核，最叫人糟心的就是感冒，这是由于感染导致鼻腔黏膜充血水肿，分泌物增多，嗅觉锐减，完全恢复需要1周左右时间。

最后，每个人从小建立起的饮食习惯也会导致味觉感受差异巨大，这无疑属于主观认知层面，可以通过调整日常饮食习惯或强化感官校准训练来给予纠正。强化感官校准训练相信大家不难理解，如何通过调整日常饮食习惯来改善味觉感官认知呢？简单来说，就是要将认真的味觉体察融入日常生活中，生活得更刻意些，咬一口水果，嚼一块肉，吃一点菜，呷一口咖啡，都要尽可能慢一点、精细化，认真去体会味觉感受并加以记忆。如果你真能将这股"认真劲儿"贯穿在日常生活的点点滴滴里，每时每刻都增加了"感官记忆点"，何愁味觉感受不能大幅提升呢？

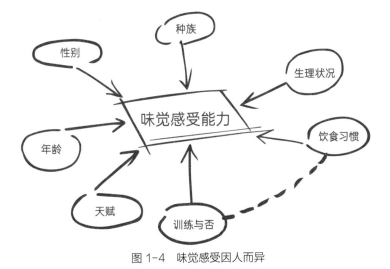

图 1-4　味觉感受因人而异

1.6 为什么说品尝温度对于味觉感受影响很大?

进食体验总是伴随着对食物温度的感知,温度味觉因此专门发展成了一门学说,其主要研究的就是温度感受信号对于味觉感受的调控作用。比如,温度会影响味觉的感受阈值,二者之间呈U形关系。再比如说,有30%~50%的人群能够由特定的温度引起某种味觉感受,这种"联觉"现象的产生不仅因为在舌头层面两者之间有重叠共用的感受器,还因为在中枢神经系统中两者有着共用的传导通路。

我们必须承认,咖啡的品尝温度对于味觉感受影响很大。品尝温度与味道的辨识十分相关。大量研究已证明,最能使味觉神经产生兴奋的温度在10~40℃,又以30℃左右最为敏感,即接近舌温对味道的敏感性最大,高于或低于此温度,味觉都稍有减弱。我们可以展开来细看,甜味在50℃以上时,感觉明显迟钝。甜味和酸味的最佳感觉温度在35~50℃,咸味的最适感觉温度为18~35℃,而苦味则是10℃,黑咖啡彻底凉透了都发苦便有这个原因。各种味道的觉察阈会随温度而变化,这种变化在一定范围内是有规律的。与此同时,当温度在22~27℃时,对于咖啡品鉴偏负面的咸味和苦味觉察阈限最低,这个温区就好似一杯咖啡的"照妖镜"一般,难怪在专业的咖啡品鉴和评估中,都要在不同温区对呈杯风味进行评价打分,从低于70℃的较热温区一直喝到接近室温,只有这样才能真实且全面地了解咖啡风味。关于咖啡的三角杯测是极为常见的咖啡感官训练科目,即从同一组的三杯咖啡中找出与另外两杯有所不同的那一杯来,能够通过嗅闻香气加以辨别的自不必说,单论借助味觉进行鉴别,只有少数人是在较高温区加以识别,更多人则是在中低温区更易于识别出来,便与不同品尝温度对味觉感受影响很大有直接关系。

此外,品尝温度还有生理健康层面的考量。很多人去咖啡店里点热咖啡,拿到咖啡后就急不可耐来上一大口。温度很烫怎么办?没事啊,可以一边吹一边喝,很多年纪偏大的人还会觉得这样"趁热喝"暖胃又养生。实则不然,长期饮用65℃以上的热饮会刺激和伤害食道和口腔,增加患食道癌的风险。据说,过去我国哈萨克族人常喝滚烫的奶茶,潮汕人喜欢喝工夫茶,太行山区居民爱喝烫粥,而这些地区恰恰就是我国食管癌的高发区域。

1.7 经常听到的"味阈"一词究竟是什么意思？

味阈（Taste Threshold）又叫作味觉阈、味觉阈限，是最近几十年才开始流行的生理学名词，指的是刚刚能引起味觉的最小刺激量。还有一些场景下，我们也将阈值解读为人们对某种刺激敏感性的度量范围。在此间，感觉阈值即绝对阈值，是最小可察觉的刺激程度或最低可察觉的刺激物浓度。而最大阈值则为浓度的最高限值，当刺激物浓度超过它时，刺激的强度差别不能凭感官区分。

单纯探讨一杯咖啡中有哪些呈味物质意义并不大，而应该探讨一杯咖啡的最终呈杯风味，需要把人的感官投射进去，阈值尤其是感觉阈值在其中便是绕不开的重要因素。一方面，咖啡里风味物质极为丰富复杂，就有一些呈味风味物质因为浓度不够，低于引起味觉的最小刺激量，即未能达到绝对阈值，因此我们感受不到。另一方面，浓度过高还会涉及最大阈值。举例来说，20℃时蔗糖在水溶液中溶解度为203.9克，但是人的味蕾数量是有限的，当糖分子在水溶液中达到或超过一定数量的时候，即到达或超过了最大阈值，人感觉出来的甜味强度就没变化了。

通常，我们在咖啡品鉴培训教学中会考察训练学员对于基本味道强度的感知能力，但选择强度梯度差异一般较大且样品数量有限，更不会去考察绝对阈值和最大阈值。

1.8 作为一名咖啡品鉴师，你知道味觉基本特征有哪些吗？

这个问题建议大家结合前面味觉因人而异、味觉受温度影响、味阈等几个话题来一起讨论。作为一名咖啡品鉴师，了解我们人类味觉的基本特征十分有必要。

首先，味觉具备相当高的灵敏性。人体的味觉感知反应时间一般在$1.5 \times 10^{-3} \sim 4 \times 10^{-3}$秒，这个速度有多快呢？人类触觉感知需要0.15秒，在常规的光线条件下，视网膜需要0.05～0.15秒来记录一幅新图文信息。味觉的灵敏性还体现在感知强大，普通人可以分辨5000余种味觉信息，而不同呈味物质有着截然不同的味阈。

其次，味觉具备适应性，即因持续受某种味觉刺激而产生的对该味的适应。具体而言又分为短暂适应和长期适应。在某些专业品尝场景下，每次品尝后品鉴师要用清水漱口并等待约1分钟，便是为了应对短暂适应。再来说长期适应，从业几年的咖啡人都会在不知不觉中变得"口重"起来，即对于咖啡的浓度要求越来越高，便是一种味觉适应性的反应。我曾对自己喜爱的黑咖啡浓度做过大致评估。评估使用浅焙的水洗埃塞俄比亚耶加雪菲（烘焙粉值基本保持一致），控制基本一致的萃取率（在19%左右），使用Hario V60滤杯手冲。2014年前我最喜欢的浓度在1.20%~1.25%，而2021年我最喜欢的浓度大约是1.40%。这导致我给别人手冲咖啡时，往往需要增加一个Bypass调节浓度的附加动作。

再次，味觉具备可融性，数种不同的味道相互融合形成一种新的味觉，更有叠加、掩盖、相乘、对比和转化等不同特性（图1-5）。之所以会有"调味"一说，也正是基于此。

最后，味觉具备变异性，个人生理状况、温度、浓度、季节等均会对味觉感受带来巨大影响。在某些专业品尝的场景下，会要求试验期间样品和水温尽量保持在20℃，就是为了避免温度差异对于味觉的干扰。

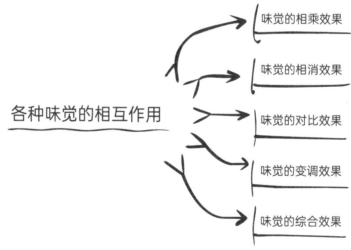

图1-5　各种不同味道之间结合会有神奇的效果

1.9 一杯黑咖啡，
我们追求的是什么样的味道呢？

一杯黑咖啡端到面前，什么样的感官体验才叫作好呢？其实这个问题并不容易回答。时移世易，不同的时代会催生出不同的咖啡审美，答案也随着时代的变迁而有所改变。再加上地理环境、历史文化、经济发展等诸多不同，咖啡的消费体验不仅变迁频繁，也迥然有别。一方面，时间维度影响巨大，仅20世纪初至今全球便经历了三次波澜壮阔的咖啡浪潮，从速溶咖啡担纲到意式咖啡挑大梁，再到精品咖啡崭露头角，对于一杯黑咖啡的追求自然也与时俱进。现如今的一杯众口称赞好喝的咖啡端到五十年前去做评价，可能得到的结论就很一般。另一方面，不同地区有着自己本地化的生活饮食习惯，再加上种族、文化等诸多因素，对咖啡的评价也迥异。美国纽约某咖啡店里博得好评的咖啡出品拿到意大利咖啡店里就可能获得负面的评价，土耳其的一杯好咖啡端到国人面前可能更多只是一种噱头。认识到没有绝对正确的答案后，我们才好开启接下来的探讨。

20世纪70年代末诞生、经历过往四十余年持续发展、2000年后渐入佳境的精品咖啡运动是当下全球较为主流的咖啡商业浪潮和消费形态，精品咖啡有一套完整的应用科学体系，更提出了对于黑咖啡（尤其是阿拉比卡种咖啡）风味的大致追求方向：花果酸香、酸甜平衡、果汁感、少苦无涩，这是为了既能讴歌呈现造物主创造出来的神奇物种，又能将科学技术和工匠精神淋漓尽致地展现，是将树种特色、纬度海拔、微环境气候和采摘、加工处理、烘焙等进行平衡的结果。

说了这么多，评价一杯优质黑咖啡可绝不仅仅凭借味道，更要借助嗅觉、触觉等，是一个较为复杂且全面的过程。如果单论味觉感受的话，我概括描述为：自然丰沛的甜感，活泼圆润的酸质，顺口不突出的微苦，最后可能还有一丝微不可察的咸味来修饰酸与甜并增加复杂性。在下一个章节里，我们将对甜、咸、酸、苦这四大基础味道结合咖啡品鉴来逐一加以探讨。

1.10　咖啡里会有鲜味吗？

酸、甜、苦、咸这四大基础味道太过重要，更是构成一杯咖啡的主体味道，一旦展开来讲，文字篇幅太长，容我们放在下一章节详细论述，这里简单说说鲜味。

"鲜"字始见于西周金文，古字形从鱼从羊，这是因为古人认为鱼肉和羊肉都是味道鲜美的食物，合在一起还了得？可见"鲜"字的本义即新鲜味美。其实我们都被这个"鲜"字误导了，鲜味本身并不美味，但它造就了各种各样的美味食物，尤其是与香气匹配之时，这导致"第五味"鲜味亦被称为"风味增效剂"或"增味剂"。1996年，科学家在舌头上发现了鲜味的受体，正式确定了鲜味的存在。鲜味很有趣，它不影响其他味觉刺激，只增强其各自的风味特征，从而改善食品的特性。鲜味来自于蛋白质里一种叫谷氨酸钠的氨基酸，随着pH的改变，它甚至可以产生咸、鲜、酸等不同的风味变化，着实很难被明确定义。鲜味是品尝中十分重要的味觉感受之一，但在咖啡里感受不明显，我们也就探讨不多。

1.11　如果说辣不是味道， 那么究竟是什么呢？

适度的辣味是很多食物美味迷人、风味独特的重要组成部分。据说中国辣味的消费群体占到总人口的40%以上，想来全世界范围内这个比例也不会太低。一般来说黑咖啡里没有辣味，但辣偶尔也会在极少数的特调咖啡里有所呈现。从业十五年里，我就喝过为数不多的几款加了胡椒、生姜或辣椒的咖啡调饮，恰好这几种原料里都含有辣椒素、胡椒碱、姜辣素等辣味元素。饮用起来感觉怪怪的，谈不上喜欢，也不会再主动去买，不过噱头倒是十足。

那么问题来了，辣是一种味道吗？从科学角度来说，辣不属于基本味觉，它只是一种疼痛感，或者说是疼痛感加上灼热感。当辣味物质如辣椒素进入到口腔，口腔黏膜上皮的感觉神经元受到刺激而产生感觉，并且它还会对三叉神经、皮肤神经和鼻腔黏膜产生刺激。大量研究表明，辣椒素通过使口腔内感觉神经元上的疼痛受体得到激活，调节疼痛感，进而还升高口腔温度。而不同的辣味物料因具体结构不同给人的辣味感受也不尽相同，且对口腔、舌面的影响持续时间长短不一。

1.12　涩是不是一种味道?

不得不说，很多人敬而远之的涩感（Astringency Perception）广泛存在于日常生活的各种各类饮食中，是构成食物品质的主要因素之一。我们关注的咖啡里也时常有涩感浮出来，偶有些许涩感还不打紧，如果涩感过于突出则难免叫人蹙眉甚至难以下咽，产生各种负面体验和情绪，对于这杯咖啡的评价也直线下滑。那么涩究竟是什么样的感受呢?

有的研究者将涩认定为一种味觉感受，但更多研究者却将涩纳入到触觉感受的范畴。2004年前后，国外有权威机构将涩感定义为由某些物质（如明矾、多酚类化合物等）引起的上皮组织收缩、变形和褶皱而产生的复杂感觉。大量未成熟的水果以及葡萄酒、坚果、咖啡、茶叶、菠菜等食物中带来的涩感一般都是多酚类化合物和唾液蛋白质之间的相互作用导致的复杂感觉。

1.13　第六大基础味道"脂肪味"
存在于咖啡里吗?

据我所知，2009年美国理查德·马特（Richard D. Mattes）教授提出脂肪酸具有基本味觉的特性——脂肪味，建议将其确认为人类的第六种基本味觉。但直到现在相关论证还在进行中，且理论依据并不健全，此时下定论为时尚早。要知道第五种基础味觉——鲜味从最初提出到全球科学界广泛认同，花费了接近一个世纪的时间（80～90年）。

2000年前后，科学界明确提出了成为人类基本味觉的几大条件：第一，在食物中普遍存在；第二，满足电生理学和心理物理学的机制要求；第三，存在独特的感觉受体；第四，不是由其他基本味觉混合而成的次一级味觉。目前科学家们正是顺着如上几个原则在做严谨的论证探索。假如说未来某一天确认了游离不饱和脂肪酸呈现出的脂肪味是第六大基础味觉，倒是可以给带有咖啡油脂的意式浓缩咖啡、奶咖和大量创意咖啡调饮的美味迷人找到了又一种理论依据。在这个植物基奶大爆发、冰奶咖大流行的时代，这些咖啡的火爆讨好，可能确实是因为多了一层脂肪味的魅惑暗含其中。

1.14 电子仪器是否能够取代人的感受来做咖啡感官评价？

这是一个很好的问题，或者还能够延展到诸如"全自动设备是否能够取代人"等一系列发人深省的宏大主题，在此先略过不提。直接说出我的结论：不能。

如果单纯用于评价味觉感受的强度，其实研究方法很多，人的感官分析只是其中较为常见的一种，此外还有电子舌检测分析等其他的方法。目前，电子舌是味觉强度评价研究中应用较多的仪器设备，技术上划分为电位型、伏安型和阻抗型等几大类，它们都能够模拟人的舌头，对咖啡、茶水、酒水、果汁、牛奶等饮料中酸、甜、苦、咸、鲜等五种呈味物质加以鉴别，从而达到检测味道强度的目的。电子舌具有重复性、灵敏性、可靠性、即时性、不知疲惫等优势，目前在实验室里的应用还是蛮多的。

但需要说明的是，纵使有技术如此先进的电子设备存在，依旧无法取代人体的感官评价（尤其是嗅觉与味觉），这是由人类真实感受的复杂性决定的，单纯的物理量上的强度并不能代表什么明确意义，充其量只是一种辅助手段而已。

感官评价也称作感官分析，是用于唤起、测量、分析和解释通过视觉、嗅觉、味觉、听觉和触觉而感知到的食品及其他物质的特征或性质的一种科学方法，具体又分为判别式感官分析、描述式感官分析和情感式感官分析。感官分析是复杂而主观的综合感受，来源于感官生理与认知心理两个方面（图1-6），并非纯粹客观的量度，人作为评价分析主体天然具有不稳定性和易受干扰等特点，这也符合真实世界里无限可能性的消费场景。特别是在食品工业领域，科学利用感官分析才能贴近市场端、代表消费者，是不能被任何先进仪器或测试方法取代的。但为了减少偏见、得到结论更加客观，也会通过组建专业感官评价小组等方法来有效弥补。

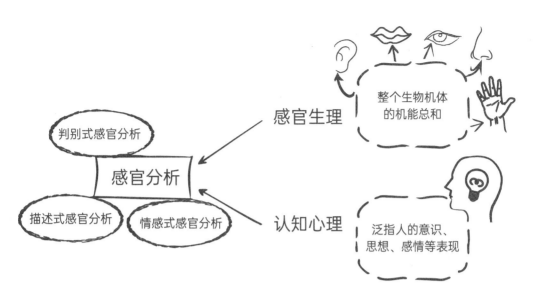

图 1-6　感官分析包括感官生理与认知心理两个方面

第 **2** 章

咖啡味觉进阶篇

咖啡中的
酸甜咸苦

2.1 甜味究竟从何而来?

这一章节里,我们开始探讨些咖啡与味觉的进阶话题,便从大家最感兴趣、一杯咖啡里无比重要却又无比玄妙的甜味说起吧。

甜味是人类最重要的基本味觉之一,成年人大约有9000个味蕾,这其中能够感知甜味的味蕾数约占总数的四分之一,但认识甜味却是一个漫长的过程。早在1920年,科学家认识到氢的振动可以赋予物质甜味。到了1948年,科学家进一步发现具有高甜度的物质往往具有高的共振能。在前人研究基础上,20世纪60年代诞生的AH-B甜味机理理论认为,所有的甜味化合物都具有相同的结构特征,即拥有2个带相反电荷的原子A和B,两者相距恰到好处,A含有一个带正电荷的质子,B为质子受体。该理论认为,甜味分子中的AH-B系统可和位于味蕾甜味蛋白受体上的对应AH-B系统进行氢键结合的复合反应,从而产生一个依靠神经冲动传递的甜味刺激,而两者间的复合强度决定了甜味刺激强度,即甜味的程度。当然后来还有一系列用于完善AH-B甜味机理理论的研究成果问世,诸如著名的AH-B-X甜味三角理论等,在此略去不表。直到2000年之后随着甜味受体的发现,人们对于甜味觉的产生机制才有了又一次大幅提升。目前科学家已经发现了人类用以感知甜味物质的受体——T1R2、T1R3,并知晓了它们在染色体上的定位。所有的甜味物质通过与甜味受体相互作用来激活受体,并产生一系列的信号传导,从而产生甜味觉。

一个有趣的现象是,在全球几乎所有的文化中,甜都象征着幸福美好。这是为什么呢?自然界中最主要的甜味物质是糖类、氨基酸类和糖醇类化合物,而其中又以糖类为主。糖类分子是植物光合作用的产物,是来自孕育万物的太阳光,代表了生命延续必不可少的能量。当我们感受到了甜,就会本能地产生吞噬获取的欲望,这是漫长岁月中生物进化使然,是一种刻进了基因深处的记忆,想要克服谈何容易?为什么甜品广受欢迎,为什么小孩子普遍爱吃甜食(其实大人也爱吃,一直在强行克制),为什么摄取糖分会让人愉悦,为什么咖啡饮品店都要在糖的问题上大动脑筋……所有这些"为什么"的背后都是人的生理本能在驱使。

说个题外话,2005年一个美国科学小组在研究哺乳动物的食性和味觉关系时发现,猫科动物已经失去了其他哺乳动物所具有的甜味感知。究其原因,是因为猫的制造甜味受体的基因发生了变异，导致其丧失了感知甜味的受体，这真是一个悲伤的消息。

2.2 甜味的强度和阈值是怎样定义的?

味道有强弱，感受有好坏。这里涉及一个"标度"的概念和方法，我们有必要先简单说一句。在感官评估和培训教学中，标度是一种很常见的将感官体验进行量化的方式，即改变食物特定组分的浓度或含量，会导致其在感觉、视觉、嗅觉或味觉方面有多大程度的增强。通过这种数字化的处理，原本看似"模糊虚幻"的感官评价可以成为基于统计分析、模型、预测等理论的一门定量科学，极大造福应用实践。在此基础上加以延展，标度方法还广泛应用于需要量化感觉、态度或喜好倾向性等各种场合，正可谓"万物皆可度量"!

甜度味觉不仅有阈值，也需要明确标度，用以描述和比较——究竟是多甜呢? 随处可见、触手可得的蔗糖有甜味，无气味，极易溶于水，是食糖的主要成分，用来确定甜度最为合适不过，因此我们一般将10%蔗糖水溶液在20℃时的甜度定义为1.0。随着浓度增加，甜度也会增加，但不成正比。这个我相信大家不难理解，举一个极端的例子：20℃时蔗糖在水溶液中的溶解度为203.9克，但是人的味蕾却是有限的，就是说当蔗糖分子在水溶液中达到一定浓度时，人感觉出来的甜度就没变化了，到达了最大阈值。

甜味的阈值、强度和喜好这三个维度共同决定了甜味食品对人的吸引力。相关研究显示，排除个体差异的情况下，随着浓度的增加，人们对于甜度的喜好程度也随之增加，但当浓度高于某个临界值后，更高的浓度却会降低喜好的程度，即太甜会引起人发齁、发腻等不愉快的反应。因此，我们看到的不同浓度甜味溶液（如蔗糖溶液）的喜好评价分布图通常近似一条抛物线。

此外，2010年重庆理工大学一份针对17～19岁人群的甜度味觉阈值研究表明，女性对甜味的感觉阈值略低于男性，而最大阈值女性略高于男性。也就是说，女性的甜度敏感区域要比男性略大——能够感受到更淡更弱的甜度，以及更浓更强烈的甜度，这应该缘自同龄女性的味蕾数量一般比男性更多。

2.3 品尝咖啡时感受到的甜是来自蔗糖吗?

首先我们必须意识到,直接将甜与糖画等号是不对的,更何况并不是所有的糖类都是甜的。目前已经发现的甜味物质包括糖类、氨基酸类、糖醇类、甜味蛋白以及人工合成的甜味化合物等。

被称为"甜味之王"的蔗糖当然是甜的,蔗糖属于双糖的一种,是一种非常常见的、可溶解于水的小分子糖类化合物。白砂糖、黄糖、赤砂糖、绵白糖、冰糖、红糖、黑糖等都属于蔗糖,只是提纯工艺有所不同罢了。在今天,发达国家地区的人们因为摄取了过量的糖而患上了糖尿病、肥胖等,减肥和减糖开始大流行。但需知在人类漫长的历史岁月中,糖的消费量一直是衡量生活水平的标尺,砂糖一直是一种昂贵的"世界通用货币"。

甜度高低是咖啡品鉴师评价一款黑咖啡品质好坏的核心因素,"甜度饱满""甜度丰沛""高甜"等都是对于咖啡的溢美之词,而"一甜压百丑",高甜的咖啡甚至可以掩盖很多不足,怎样让一杯咖啡尽可能甜不仅是咖啡师萃取时的首要目标,其实也是咖啡种植者、咖啡生豆商、咖啡烘焙师等诸多环节咖啡从业者的核心目标之一。那么,品尝咖啡时感受到的甜来自什么呢?

黑咖啡呈杯品尝时,感受到的甜味主要来自于美拉德反应与焦糖化反应生成的水溶性甘甜物质,蔗糖含量越高往往咖啡会越甜,但却不是来自蔗糖本身。一方面,在其他处理加工环节保持相同的前提下,蔗糖含量与甜度成正比;另一方面,蔗糖给一杯咖啡带来的美好风味绝不仅仅只是甜味本身,甚至还包括酸、香、苦、醇等。当然,鼻后嗅觉感知到的香气也极大提升了对于甜味的"脑补",就是所谓的"香甜"。

由于蔗糖与咖啡呈杯甜味正相关,为了追求更高的蔗糖含量,从而使得一杯咖啡更甜,咖啡种植及鲜果采收环节无疑是决定性的基础,但后续处理、烘焙直至研磨冲泡也都与甜度的呈现关系密切。

2.4 咖啡饮品中能够添加甜味剂吗？

这个问题乍一看似乎能够非常轻松回答，但细细想来，回答这个问题恐怕还并非那般简单。甜味剂（Sweeteners）是赋予食品甜味的物质，属于食品添加剂中的一类，只要是按照国家相关规定合理添加使用甜味剂都是合法且安全的。2014年12月24日我国正式发布了新版《食品安全国家标准　食品添加剂使用标准》（GB2760—2014），自2015年5月24起正式实施。从中可以查询到所有合规甜味剂，以及允许的使用品类、使用范围、使用量和残留量等。

食材中的甜味物质很多，按其来源大体可分为天然甜味物和人工合成甜味物，按其化学结构及性质分类又可分为糖类和非糖类甜味物等。糖类甜味物如蔗糖、葡萄糖、果糖、果葡糖浆、蜂蜜等都能提供甜味，一般都不属于食品添加剂范畴。近年来国内外生产应用的低聚糖，如低聚果糖、低聚麦芽糖等除具有一些甜度，还具有一定生理活性，大多归属于食品配料。此外，各种安全性高、高倍甜味、无营养价值、无热量或极低热量的"功能性"人工合成甜味剂也应运而生，比如阿斯巴甜、三氯蔗糖、安赛蜜、阿力甜、钮甜等，其中阿斯巴甜和钮甜分别为蔗糖甜度的约200倍和8000倍，可口可乐的零度可乐之所以那么甜，就是添加了阿斯巴甜和安赛蜜的原因。

在精品咖啡范畴内，人为添加甜味剂是比较"犯忌讳"的做法。甜感可以说是黑咖啡品质的最重要体现之一，让黑咖啡"甜起来"是从业者每天努力的方向。而高品质黑咖啡的甜应该来自于生豆中天然承载的风味物质，来自于树种、种植、采摘、加工和烘焙等环节，是基于大自然的恩赐，也是基于人们对于纯天然的技术认知，而不是人工添加。

但在林林总总的咖啡调饮、即饮咖啡饮料中，添加属于食品配料或甜味剂类别的甜味物质则是惯常做法，在适宜的咖啡饮用温度范围内（60℃以内），相同浓度的甜在味觉感受上差异总体并不大，尤其是对蔗糖影响较小，影响最大的是果糖，因此果糖更多被用于调制冰咖啡。

2.5 重要性不亚于甜味的 咸味是怎样产生的?

咸味是食品中不可或缺的基础味道之一,是仅次于甜味的最有魅惑力的基本味觉感受,又被称为"百味之主"。有人说,世界上有多少人嗜甜,就有多少人爱咸。很多研究发现,那些先天味觉灵敏的人士会对咸味表现出更多的倾向性。在我们中国,绿豆汤一般会加上砂糖或冰糖,特别是冰镇一下,冰冰凉,甜丝丝,甭提多惬意。而西班牙泰罗尼亚地区有一道当地美食却是咸味的绿豆汤,用火腿骨煮成的高汤熬煮绿豆,汤内还要加入多种西班牙火腿、香肠、洋葱、胡萝卜、青椒、土豆等,这么多食材和配料煮成的咸味绿豆汤营养丰富,味道鲜美,在当地十分常见。事实上在西班牙以及其他很多国家地区的饮食习惯中,前菜或主菜都不太可能提供甜味食品,而必须是咸味担当,甜味食物则主要放在主菜后或餐后甜品环节。细细想来,在我们身边很多地区其实也有类似的饮食习惯。

早在1919年,科学家便提出了生味基和助味基的概念,认为呈味基是由生味基和助味基构成的,且二者缺一不可。咸味的呈现机制理论便建立在此基础之上。咸味是由中性盐类化合物M^+A^-中,正负离子共同作用的结果——阳离子M^+是定味基,产生咸味并能产生副味,阴离子A^-是助味基,抑制咸味且决定了咸味的程度(图2-1)。以无机盐为例,咸味随着阴、阳离子或两者的分子量增加,会有越来越苦的发展趋势。

阴阳离子或两者相加分子量越大,苦味越重

图2-1 咸味的呈味机制

咸味通常指的是食盐的味道，是人的味蕾受氯化钠中阴阳离子作用而产生的感觉。天然带咸味的食物一般含有较多的钠离子和钾离子。钠离子和钾离子的平衡对于维持人体渗透压和神经系统的正常功能有着重要的意义，即我们所说的"水盐代谢"，也称为"体液平衡"。李时珍在《本草纲目》中说，五味中"惟此不可缺"。如果食物中不添加任何盐分，会让人难以入口，食不下咽。长时间无法补充盐分，会让小则一个人失去劳动力，大则一支军队失去战斗力。人类历史上食盐一直相当珍贵，古今中外流传的各种民间故事都有关于食盐的传说，甚至还有因为食盐引发的战争，在我国历史上食盐在相当长时间里都是属于专营（或专卖）的，2014年国家发展和改革委员会废止食盐专营许可证管理办法，但这只是延续政府简政放权的基本思路，并不意味着食盐专营向社会资本放开，食盐的特殊重要性可见一斑。

在五味之中，咸味往往起到了"衬托""修饰""圆润"等作用，重要但也必须适量。现代医学已证实，过量摄入盐分与某些疾病如高血压、糖尿病、肾脏疾病的发病有关。

2.6 咸味就是食盐（氯化钠）的味道吗？

这个说法不是很严谨，我们国家规定食盐中氯化钠的含量不得低于95%，其实多少还含有一些其他咸味化合物。日常饮食中，味蕾受氯化钠中的氯离子作用而产生的感觉就是我们定义的纯正的咸味。

可以说，食盐（氯化钠，NaCl）带来的味道是狭义的咸味，不过氯化钾等许多无机盐也或多或少带有咸味，这是什么原因呢？我们需要从咸味的呈味机理说起。在以舌头表面为主的味细胞中，有着两类特殊的阳离子通道。一类是"钠离子专属通道"，用来感受氯化钠带来的纯正的咸味，另一类是"非钠离子特异性阳离子通道"，可以用来感受到钠盐、钾盐、钙盐等多种咸味。当钠离子或其他阳离子进入通道时，就会使细胞膜内外的电位发生变化，并产生神经冲动，传递给大脑中枢神经时，大脑就能识别出这种信号，反馈出咸味和咸味的强度。

与前文提到的甜味不同，不同浓度的氯化钠溶液喜好评价分布图并不类似一条抛物线，这同样缘自漫长进化过程中形成的人体生理特征和机制：人体血液中钠离子水平约为150毫摩尔每升，这对于维持渗透压及神经正常应激反应意义重大。当氯化钠溶液浓度低于这个水平时，喜好态度大体相同，而当氯化钠溶液浓度高于这个水平时，喜好程度骤降，且越是远离这个水平则下降幅度越明显。

2.7 黑咖啡里是否有咸味？

黑咖啡中的咸味虽然不多，但很多时候也能觉察得出。

黑咖啡呈杯品尝时，感受到的咸味主要来自于水溶性钠、钾、锂、溴、碘的化合物，它们更多来自于种植的土壤环境，偶尔也会来自于工艺处理环节。土壤学有两个基本概念值得提一下，一个叫作盐基饱和度（BS，Base Saturation），指的是土壤胶体中交换性盐基离子（钙、镁、钾）占全部交换性阳离子（总量）的百分比。另一个叫作阳离子交换能力（简称CEC），指的是每100克土壤颗粒对于阳离子的吸附交换能力。一般来说，越是黏土占比较多的土壤如腐殖质，CEC越大；而越是沙石占比较多的土壤，则CEC较小。CEC越大，盐基饱和度越高，土壤越是偏向中性，几乎没有游离态的阳离子；反之，CEC越小，盐基饱和度越低，土壤越是偏向酸性，游离态的阳离子则大幅增加。

凡事过犹不及，咖啡咸味突出并非好事。印度尼西亚、印度的阿拉比卡种咖啡，以及罗布斯塔种咖啡中的咸味比较容易被觉察到，且常被我们判定为负面特征。浓度太高或者烘焙太深的咖啡豆，由于有机酸的消耗，咸味比较容易觉察。再加上人体大脑的神经系统对于各种味道刺激的反应速度有所不同，其中咸味物质的反应速度最快，甚至还在甜味之上，这也是有些意式浓缩咖啡入口后咸味更易被觉察出的原因。

聊完了黑咖啡，那么我们能否往咖啡里加盐呢？不用怀疑，早在阿拉伯咖啡和土耳其咖啡时代，往煮咖啡里加入少许盐的做法就已出现，并延续至今，从欧洲地中海沿岸到北欧，盐作为"增味剂"与咖啡的结合也比比皆是：在精品咖啡时代前，商用罗布斯塔种咖啡占比很高，有些国家或地区的咖啡消费者认为适当添加少许的食盐或海盐，能够平衡劣质的苦味和烘焙偏深的负面风味，让咖啡保留余韵回甘和愉悦的香气。到了今天这个高品质阿拉比卡种咖啡大流行的时代，精品咖啡运动兴起，呈杯风味更是成为关注的重中之重，人们通过呈味机制验证了过往千百年的经验习惯是基本正确的：适当添加盐在咖啡里会激活咸味呈现的阳离子通道，产生一种跨味觉感知——抑制对苦味的感知强度的同时，增加对甜度感受的敏锐度，由此实现更好的味道平衡。

基于咖啡加盐的神奇功效，这里有个可供尝试的配方：在冲泡好的黑咖啡中按0.15克/100克的比例添加食盐，而不管这款是意式浓缩咖啡还是滤泡式黑咖啡。感兴趣的读者可以自行尝试，或许在某些场合会比加糖还要神奇有效。但我仍然需要强调的是，精品咖啡的一个重要理念是百分百呈现大自然的美好，是树种、风土与加工处理结合的产物，再通过烘焙来呈现于杯中。在黑咖啡中添加任何风味物料的做法，在面对大众咖啡消费者的经营中或许有合理性，但绝不算高明。

2.8 酸味究竟从何而来？

酸味是舌头上味蕾的味细胞受到氢离子刺激而产生的一种味觉感受，因此凡是在唾液中溶解游离出氢离子的化合物都具有酸味。酸味物质具有调节食物味道、中和酸碱成分、杀菌消毒、防止腐败等功能。

自然界中的酸味剂有很多，我们在咖啡品鉴学中常听说的就有柠檬酸、苹果酸、乳酸、醋酸、磷酸等。不同的酸有不同的味感，氢离子浓度、酸味剂阴离子的性质、总酸度和缓冲作用等都会影响酸味呈现。粮食发酵而来的食醋就是我们生活中最常见的一种酸味物质，食醋中含有3%～5%的乙酸，此外还有少量其他有机酸，如氨基酸等。这里提到的乙酸也叫醋酸或冰醋酸，咖啡中有时因为后置加工处理环节等因素而含有极微量的醋酸。民间早就总结了很多适当饮用食醋的保健功效，诸如：消除疲劳、助消化、抗衰老、杀菌消炎、增强肝脏机能、促进新陈代谢、扩张血管、强肾利尿等，其实带有明显酸味的黑咖啡往往也都具备这些功效，可以说部分功效便是来自丰富的有机酸物质。

很多研究都发现，女性总体来说对于酸味的喜好程度超过男性。与咸味的喜好评价曲线相对比，浓度变化之下，喜好程度的改变幅度不如咸味那般波动明显。精品咖啡运动兴起的当下，特别鲜明且令人愉悦的酸香风味成为很多咖啡爱好者的追求，酸质就好像人体的"骨架"，将咖啡整体"支棱"起来，层次分明，叫人身心愉悦。只苦了极少数患有胃病的咖啡爱好者，于是会往咖啡里加上一点点碱性的小苏打，倒是实现了"喝咖啡自由"，但是整个咖啡就好像一个得了软骨病的人，失去了些许灵魂和生气，逊色了三分，实在是两难之选。

2.9 影响黑咖啡酸味强弱的因素有哪些？

一提到"酸"，我第一时间就联想到了"望梅止渴""两颊生津"这样的成语。还别说这真是一种评价酸味强度的主观方法：测定腮腺分泌唾液的平均流速——10分钟内流出唾液的毫升数。事实上，酸味强度受到诸多因素的影响（图2-2）。

首先，氢离子的浓度对于酸味影响很大，强酸的酸味必然大于弱酸，因为强酸在相同浓度下会产生更多的氢离子。pH为7是酸碱平衡的中性，越低则代表氢离子浓度越高，酸度越强。pH>6.0时，实际品尝时不易感觉到酸味，pH<3.0时则酸味难以忍受。居于两者之间时会有明显的酸感。用去离子水（RO反渗透制取）冲泡的咖啡，其pH范围一般在4.5～5.8，变化与烘焙程度有关，咖啡的pH都在浅度烘焙时下降到最低点，随着烘焙程度加深，呈现出先降低再上升的趋势。适宜的低浓度、高品质酸质能使人愉悦并促进食欲，增加咖啡的"骨架感"，浓度过高则会适得其反，会加强苦味、强化涩感、抑制醇厚度。

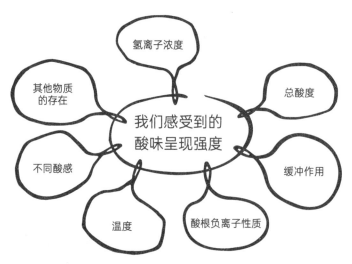

图 2-2 我们感受到的酸味强度由哪些因素决定

其次，总酸度对于酸味影响较大。我们将溶液中某种溶质平衡状态下离解氢离子的能力称作酸离解常数，又叫作酸度系数，代号Ka值，一般来说较大的Ka值代表较强的酸，这是由于在同一浓度下，离解的能力较强。所谓总酸度是指溶液中一种或几种溶质已电离和未电离的氢离子浓度之和，而我们常说的pH则是这其中已电离的氢离子浓度指数，又叫作有效酸度。当pH相同时，总酸度较大的酸味剂感受到的酸味也相应较强。冷泡咖啡往往喝起来不如热水冲泡咖啡那般酸质活泼上扬，便是因为前者总酸度较小，而哪怕两者的pH接近。

再次，碳酸化合物等带来的缓冲作用对于酸味影响较大。缓冲溶液的缓冲作用能在一定程度上抵消、减轻外加酸或碱对溶液酸碱度的影响，从而保持溶液的pH相对稳定。缓冲作用对于酸味影响之大可能超出了我们很多人的意料，日常生活中常见食物蜂蜜的pH其实只有3.9左右，按道理属于强酸，但为何甜蜜的品尝感受与pH读数反差这么大呢？这便是因为蜂蜜中除了含有葡萄糖、果糖、蔗糖等糖类化合物和柠檬酸、苹果酸、甲酸、乳酸等有机酸外，还有大量缓冲物质的存在，正是它们造成了这种反差的存在，并使得蜂蜜属于碱性食物。

再者，相同氢离子浓度下，酸根负离子的性质也是影响酸味的重要因素，各种酸的味道取决于其助味基阴离子。例如，醋酸的酸味反而大于盐酸，当然酸中不同的阴离子会使酸味夹带上其他味道，如苦味、涩感等，导致酸得不纯粹。

还有一点在咖啡品鉴中尤其需要关注，即不同的酸感呈现状态也不同。pH相同的情况下，有机酸的酸度往往会强过无机酸的酸度，且有机酸呈现出更加清爽的酸味。柠檬酸清爽感与新鲜感突出，感受先强后弱；酸强与柔和度都超过柠檬酸的苹果酸则持续性较强；酒石酸先抑后扬，余韵突出；而磷酸则可能表现出两面性：带来热带水果酸味和活泼性之余，也可能夹带负面尾韵。

此外，温度对于酸味的影响之大远超其他味道，高温容易使酸味消失，温度下降则酸味愈发明显。一杯刚刚冲泡好的黑咖啡端到你面前，随着温度的不断下降并最终到达室温，你会感觉到酸味一直在发生着显著变化。咖啡品鉴师强调尽可能在高、中、低不同温区品尝也是基于这个理由。

最后，糖、乙醇等其他物质的存在也会给酸味带来重要影响。在此略过不提。

2.10 为什么我们常喝到的黑咖啡会是酸的，咖啡里的酸味从何而来？

品尝黑咖啡时，复杂的酸感来自浓度不一、种类繁多的酸味剂——30多种有机酸和极少量无机酸（如磷酸）。这些有机酸中，柠檬酸、苹果酸、绿原酸、乙酸、奎宁酸等含量相对较多，且与咖啡呈现的酸味有密切关系。

具体分析一杯黑咖啡里的酸感变化以及呈酸物质来源需要考虑到生豆里的前驱风味物质以及烘焙过程中的化学反应。一方面，源自生豆的柠檬酸、苹果酸等有机酸烘焙后在熟豆中的残余会增加咖啡清爽鲜美的酸感。但随着烘焙程度加深，这些有机酸往往不耐高温，会在从浅焙往中焙、中深焙、深焙的过程中快速分解掉。另一方面，同样源自生豆的糖类、绿原酸等前驱风味物质会在烘焙过程中参与一系列化学反应，糖类物质反应生成醋酸、乙酸、乳酸、乙醇酸等，而绿原酸水解生成咖啡酸与奎宁酸。但随着烘焙程度不断加深，这些生成的有机酸又会快速损耗掉。

如上两方面综合起来看，一系列的化学反应使得较为浅焙的咖啡会有一些总酸增加、酸感提升的过程，但随着第一次爆裂结束，大量有机酸在接下来的烘焙中开始耗损，导致总酸下降、酸感减弱。随着烘焙程度进一步加深，苦味物质逐渐生成，酸弱苦增，此消彼长，这种感受就愈发明显了。

2.11 苦味是怎样产生的？

几大基础味道中，苦味最是神奇不过。一方面，按照精品咖啡的品鉴逻辑，我们并不追求苦味，甚至要尽可能呈现出咖啡的果汁感以及花果酸香风味；但另一方面，苦味又是咖啡中不可能根除的味道之一，却也是咖啡迷人魅惑、复杂神奇的来源之一。如上这种看似矛盾的现象使得我们不能忽略苦味，反而还要着力去研究苦味，让咖啡里的苦味顺口、讨喜、不讨厌，让"苦咖啡"受人欢迎。

苦味物质主要包括生物碱、萜类、苦味肽以及糖苷类等，部分氨基酸、含氮有机物和无机盐也具有苦味，咖啡里的呈苦物质成分就比较复杂，后文中详细解说。

多数天然苦味物质都具有毒性，苦感是动物（包括人类）初始排毒反应的天性，并在进化过程中得以延续，动物和人类都本能地厌恶、拒绝单纯和浓烈的苦味。因此，人类对苦的感受来得虽慢，却敏感度最高（阈值极低），最易觉察。从这个意义上说，拒绝哪怕只是微苦的咖啡、茶、啤酒、可可、橄榄或者其他食物，是一种原始本能反应，所以你看小孩子很少有喜欢如上这些食物的。而接受这些微苦食物则是后天习惯养成、摆脱本能局限后的改变，是社会性使然，正是从这个意义上讲，咖啡是一种"成人饮料"。

《黄帝内经》说："苦入心，苦走骨，骨病无多食苦。"看来俗话讲的"良药苦口利于病"颇有几分道理，良药虽然吃起来口苦，但是对于治病却是非常有利的。中医认为苦味食物性寒、味苦、入心经，而中医理论中的"心"为十二官之主，具有藏神、主神明及推动血液运行的功能。苦味属阴，调降"心火"，平衡阴阳，燥湿坚阴，有疏泄作用，能清除人体内的湿热，具有"除邪热，祛污浊，清心明目，益气提神"的功效。如上这类论断，我们今天能够从网上很多知名中医专家对于黑咖啡的论述中看到，感兴趣的读者可以去自行查阅了解。铂澜广州校区当地学员对于冷萃黑咖啡的喜好明显要超过北方，冰黑咖啡的消费量和占比均十分突出，这与广州气候炎热有一定关系。

2.12 为什么说咖啡的流行与苦味密切相关？

前文说过，咖啡是一种"成人饮料"。很多人认为，咖啡能够如此流行的原因也与其所具备的特征——苦味密切相关。因为人的基本味觉里苦味最具有矛盾性，既易导致人产生不悦甚至排斥的感觉，又可参与食品风味的构成，增强食品感官吸引力和难以言说的魅惑。基于同样的道理，全世界很多国家的大厨都喜欢在烹调某些特色菜肴时，刻意添加少许苦味原料，这样使得菜肴愈发鲜香爽口、滋味迷人且复杂。

但凡事过犹不及，苦味太强烈肯定不是好事。避免苦味过度是整个餐饮和食品领域孜孜不倦的研究方向。早在2003年，世界上第一个苦味抑制剂便申请了专利，这种物质能够明显抑制苦味化合物的苦味感受，从而避免因为苦味带来的负面感受。约二十年后的今天，各种苦味抑制剂已经被广泛应用在医药、食品等诸多领域，听闻也有咖啡企业正在尝试应用苦味抑制剂。

2.13 黑咖啡里的苦味究竟从何而来?

黑咖啡的苦味来源于咖啡豆所含的苦味物质及烘焙过程中形成的苦味化合物。烘焙过程中绿原酸的分解物在咖啡致苦因素中的权重较大,主要是绿原酸分解物奎宁酸、绿原酸内酯化生成的绿原酸内酯或通过4-乙烯邻苯二酚(4-vinylcatechol,4-VCA)途径所生成的多羟基苯基林丹类化合物。绿原酸内酯的苦味阈值很低,是目前咖啡中发现的最苦物质,所幸其含量很低。而烘焙进入第二次爆裂后,绿原酸生成的苯基林丹则一路快速积累飙升,这是一种强烈且持久的苦味物质,它是深焙咖啡苦味强烈的重要原因。此外,咖啡因、葫芦巴碱、美拉德反应产生的非挥发性杂环化合物,如呋喃衍生物、吡嗪以及2,5-二酮哌嗪等也被认为是咖啡致苦的重要因素。

咖啡的苦味感受不仅与理化分析技术和品鉴方法有关,也和人体苦味生理机制(10种不同的苦味受体基因对苦味物质的识别和表达)有关。一杯品质卓越、从烘焙到萃取都控制得当的好咖啡主要呈现的是类似果汁的酸甜风味,并没有突出的苦味,但是对个别"苦味极度敏感者"来说,还是会觉得苦不堪言。所以咖啡师应该明白,对自己来说"适度的顺口苦"可能会成为极个别顾客认为的"强烈的苦"。

在我们的日常语境中,"苦涩"经常是一个词,可见两者关系不简单,那么对于咖啡品鉴师来说,需要严格区分"苦而不涩"和"苦且涩"。有一个话题与咖啡的"苦"以及后文中的"涩"有关。当手工冲泡咖啡感到苦味明显时,不要着急判定为"萃取过度",并立刻通过调节研磨度至更粗、缩短冲泡时间等手段来改变。具体可分两种情况来看。情况一:如果感官评价苦多涩少,则可以尝试兑水稀释浓度,或许立刻就变得好喝起来了。这是为什么呢?答案很简单,人体对于中等浓度的苦味感受强过甜、咸和酸味。而人体对于低浓度酸味感受强过低浓度甜味,而低浓度甜味又强过低浓度苦味。情况二:如果感官评价苦多涩多,除了萃取过度可能性较大外,也有可能是萃取不一致造成的,这时就需要优化重构萃取策略了。

第3章

咖啡嗅觉基础篇
嗅闻有玄机

3.1 究竟嗅觉感受是如何产生的?

终于,我们进入到咖啡嗅觉的世界。感受咖啡的好风味,味觉与嗅觉不可偏废,两者相辅相成、缺一不可。但若非要辨出个高低上下的话,只怕嗅觉感受的重要性还要再往上提一提、拔一拔。

嗅觉与前文讲述的味觉不同,味觉是一种近感,而嗅觉是一种远感,即通过长距离感受化学刺激的感觉。脊椎动物的嗅觉感受器通常位于鼻腔内部,我们称之为嗅上皮。在嗅上皮中,嗅细胞的轴突形成了嗅神经。人体的嗅上皮位于鼻腔内部上方的鼻黏膜上,嗅上皮所在的鼻黏膜中有大量嗅细胞,顶部有延伸至鼻腔的嗅毛,它们构成了嗅觉感受器。当外界气体进入鼻腔时,气味分子接触到嗅毛,嗅毛受到刺激,引起嗅细胞兴奋,引发一系列的神经冲动,神经冲动沿嗅神经传导入大脑皮层就会引起嗅知觉(图3-1)。

每一种嗅觉受体细胞只拥有一种类型的气味受体,每一种类型的受体能探测到有限数量的气味物质。因此,嗅觉受体对某几种气味是高度特异性的,就好比钥匙开锁一样需要彼此匹配。尽管哺乳动物的气味受体加起来只有1000多种(人类接近400种),但好在它们可以产生大量组合,从而形成大量的气味识别模式,这也是人类和动物能够辨别和记忆不同气味的基础。

前文讲过,只有呈味物质溶解在唾液中,我们才能产生味觉感受。几乎同样的,只有呈味物质气化,变成游离的气体分子,才能进入鼻腔深处并在嗅上皮与对应的嗅觉受体结合产生嗅觉感受。正因为此,很多无法挥发产生游离态气体分子的固体物质如金属等其实是不可能闻到气味的。假如"嗅觉灵敏"的你真的闻到了金属的气味,那么我来告诉你真相:那种所谓的"金属气味"往往是金属表面的水分以及你与金属接触后残留的皮脂、唾液、汗液等和金属接触后,被催化而发生一系列细微反应的产物,并非真正的"金属气味"。之所以着重讲到这一点,是因为很多咖啡品鉴师能够嗅闻到手中金属杯测匙的气味,那么真的是金属杯测匙的气味吗? 答案就在这里了。

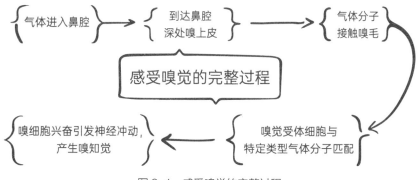

图 3-1　感受嗅觉的完整过程

3.2 为什么说嗅觉感受很重要但往往被忽视呢？

"眼见为实"并非时时管用，看不见的危险往往存在。嗅觉器官和味觉器官是我们人体与外界环境沟通的两个重要端口，担负着重要的警戒任务。尤其是远感嗅觉，人们凭借敏锐的嗅觉，可以提前预判，尽可能避免有害气体进入体内，若要等到味觉去感知危险可能就来不及了。很多动物的嗅觉比我们人类还要出色，这是因为在残酷的自然界中遵循丛林法则优胜劣汰，远感预判至关重要。

"默默无闻"的嗅觉是如此重要，但遗憾的是，生物进化中最为原始、古老且重要的嗅觉在我们的生活中曾一度被忽视，我们现代人更是过分关注视觉和听觉带来的即时快感，每天沉迷于刷手机的你想想是否如此。除非从事相关职业，很少有人去刻意发掘嗅觉的潜力，嗅觉属于人类"逐渐失去的能力"。直到2000年前后，人类对嗅觉系统的研究才取得了突破性进展。2004年诺贝尔医学奖由在美国纽约哥伦比亚大学做教授的理查德·阿克塞尔（Richard Axel）和在美国西雅图弗雷德·哈钦森癌症研究中心（Fred Hutchinson Cancer Research Center）做研究员的琳达·巴克（Linda B. Buck）共同分享，诺贝尔基金会奖励他们"在气味受体及嗅觉系统的组织方面"的巨大贡献。目前科学家认为，人类可以感受1万种以上彼此不同的作为气味的化合物，气味化合物轻微的变化可能明显地改变其被感受的气味，人类的嗅觉能够精妙地察觉到数量众多的分散性气味，神经系统更是能够将这种复杂的化学结构转化成为截然不同的气味感受。从科学界再到大众有一个传播的过程，我们逐渐意识到嗅觉的价值，意识到嗅觉对于情绪的巨大影响，嗅觉快感也越来越受到重视。

今天咖啡从业者和爱好者都有同感：感受香气在享受咖啡中至关重要，品鉴咖啡某种程度上就是一场愉悦嗅觉的游戏，激发顾客在此方面的激情对于咖啡师来说十分重要。以至于有不少咖啡技术专家提出：咖啡是一门考量香气的学问，"无香不咖啡"，"香气决定了咖啡的定价"，咖啡香气决定论等，可见研究香气是在咖啡世界里"一路通关"的钥匙。我们在后文中还将就此进一步展开讨论。

3.3 为什么说我们的鼻子非常神奇？

感受香气要靠鼻子，嗅觉感受器官鼻子的"鼻"字在古文中指自己的"自"，而我们指代自己时都会不由自主地指向鼻子，更有"鼻祖"这么个颇有深意的词汇，意指有世系可考的最初的祖先。可见鼻子的地位着实不同寻常。事实上，通过鼻子触发的嗅觉是唯一一种大脑直接与外部环境建立联系的感觉，可以看作是人类大脑的外沿。

人的嗅觉器官由左右两个鼻腔组成且中间有鼻中隔，覆盖整个鼻腔内壁和鼻中隔表面有一层鼻黏膜，其表面分泌富含脂质成分的黏液，吸入的空气中必须含有一些能够引起嗅觉的物质——水溶性、脂溶性或挥发性的溴素，这样才能溶解被接纳，从而到达嗅上皮与嗅觉纤毛接触，纤毛里有由多种蛋白组成的嗅觉感受器，这里是嗅觉的出发点，随即嗅觉刺激被传送到嗅觉中枢所在，最终产生嗅觉。

如果我们观察鼻腔构造不难发现，它们所处的位置不是呼吸气体流通的通路，而是为鼻甲的隆起掩护着。带有气味的空气只能以回旋式的气流接触到嗅感受器，所以慢性鼻炎引起的鼻甲肥厚常会影响气流接触嗅感受器，造成嗅觉功能障碍。嗅觉是由物体发散于空气中的物质微粒作用于鼻腔上的感受细胞而引起的。在鼻腔上鼻道内有嗅上皮，嗅上皮中的嗅细胞，是嗅觉器官的外周感受器。嗅细胞的黏膜表面带有纤毛，可以同有气味的物质相接触。嗅觉能力的强弱，主要由嗅区面积、嗅上皮细胞数量、嗅觉受体以及大脑对嗅觉的处理反馈等几方面决定。

讲到这里我想感叹几句题外话。造物主创造世间万物，讲究的是平衡之道，有得便有失。以熊为例，这种大脑容量只有人类三分之一的动物视力极差，却有着人类五倍大的嗅觉感受区域，因此熊的嗅觉比人类的强很多，属于典型的高嗅觉性动物。猪也是典型的高嗅觉性动物，猪鼻的嗅区广阔，嗅黏膜的绒毛面积大且分布的嗅神经十分密集，嗅觉能力甚至比狗还要好得多。相反，很多视力强大的鸟类属于视觉动物范畴，但同时却也是低嗅觉性或无嗅觉性动物。相比而言，造物主赐给了人类相对还不错的视觉能力和嗅觉能力，再加上大脑功能强大，实际嗅觉感知并不一定比动物差太多，这一点其实殊为难得了。对于很多动物来说，气味是一种采取某种对应行动的召唤，就好像焊接在了硬件上直接触发，看上去很灵敏很高效，但其实并不先进。但与此相反，大脑强大的人类将气味感知转化为信息符号，我们可以加以分析，灵活应对。

3.4 调动嗅觉感受有技巧吗？

调动嗅觉感受是有技巧的，技巧不到位，效果便会差许多。我们不妨观察一下家中的猫和狗。当猫狗遇到好奇或陌生的食物时，总是会凑近了，鼻翼翕动，快速抽吸，这是为了将更多的气味分子吸入鼻腔，与鼻腔内的嗅觉受体结合，使嗅上皮细胞将嗅觉信号传入大脑的嗅叶，再经过大脑的处理反馈，猫狗就闻到了或喜欢或讨厌的气味。进一步观察不难发现，健康的猫狗经常鼻头湿乎乎、潮乎乎的，这样的生理构造其实作用很多，比如说可以吸附更多气体微粒，增加捕捉气味的能力。嗅觉对于猫狗来说，重要性绝不亚于人类的语言文字。

我们嗅闻香气的基本原则和猫狗一样，但人体嗅觉器官的生理特征导致嗅香需要一点技巧，咖啡品鉴师尤其需要关注。嗅觉受体位于鼻腔最上端的嗅上皮内。在正常的呼吸中，吸入的空气并不会大量通过鼻上部，而更多会通过下鼻道和中鼻道进入。这导致带有气味物质的空气只能极少量而且缓慢地进入鼻腔嗅区，所以通常情况下我们只能感受到比较微弱的气味。那么，提高嗅觉强度的正确方法是什么呢？我的建议如下：

首先，把头先往前探，再从上方稍微低下，对准被嗅闻物质（如咖啡粉或咖啡液），使气味自下而上地导入鼻腔，空气易形成抽送入内的涡流。很多初学者杯测时习惯于半蹲在杯测碗旁，鼻子与杯测碗居于水平，这样是不对的。

其次，做收缩鼻孔式的适当用力吸气，或翕动鼻翼式的较急促呼吸。让更多的气味分子能够吸入鼻腔并与鼻腔内的嗅觉受体结合。这样一来，气体分子就能尽可能多地接触到嗅上皮，从而引起嗅觉的增强效应。

最后，正确的嗅闻最多连续进行两三次即可，不要反复去深吸，避免陷入嗅觉疲劳。

3.5 为什么品鉴咖啡香气时，经常提到啜吸？

"啜"字的本意就是尝、吃、喝。《说文解字》中写道："啜，尝也。"但与此同时，啜也有哭泣时抽噎的意思，你可以想象一番那种抽泣的场景。将其结合起来，我们再看啜哺、啜食等一系列词语便多了些感觉。"啜茶"毕竟不同于普通喝茶，"啜饮"毕竟不同于一般的饮，用上"认真抽吸"的动作后便有了几分啜英咀华的架势。

在我们咖啡品鉴学里，"啜吸"是个最为常见的技术动作，却也有几分难度，把我们的技巧性、认真劲儿与享受范儿融入其中，用抽吸的方式喝上一口咖啡，任由挥发的芳香气体分子在口腔中弥散，仿佛有一只无形的手在推动香气从口腔往鼻腔里灌，与此同时尽可能让雾化的咖啡液在舌面上覆盖。专业的咖啡品鉴师为了让啜吸效果尽可能更好，会使用杯测匙来做啜吸，这样既能控制啜吸入口的咖啡温度，还能尽可能加强从口腔导向鼻腔的鼻后嗅觉强度，也能让雾化的咖啡液在舌面上形成更加均匀无死角的覆盖。

3.6 鼻前嗅觉和鼻后嗅觉究竟是怎么回事？

你是否听说过一句话"闻着臭，吃着香"？在我们的日常饮食生活中，偶尔会听到这么一句话，听多了便习以为常，但如果仔细琢磨，却又透着些古怪。从螺蛳粉到榴梿、臭鳜鱼、臭豆腐、豆汁等，很多食物都是"闻着臭，吃着香"。为什么会这样呢？这便与鼻前嗅觉、鼻后嗅觉有关系。

鼻前嗅觉很容易理解，一盘食物或一杯咖啡端到面前，香气飘入鼻孔，到达嗅细胞，自然就能感受到了。我们来详细描述一下鼻前嗅觉通路：我们吸气的时候，气味分子随着大量的空气一起进入鼻孔，经过鼻腔后到达终点——位于鼻腔内部的嗅上皮。嗅上皮充满了可以识别这些气味分子的嗅觉受体，一旦气味分子和对应的受体们匹配成功，就会产生电信号，将气味信息传递至嗅上皮上方的嗅球汇总，再逐级传递到我们的大脑，向大脑汇报闻到的气味。

鼻后嗅觉则是香气从口腔进入，通过口腔后部与鼻腔连通的管道（又叫作"鼻后通道"），再到达嗅细胞，让人能够"吃"到气味或"喝"到气味，所以鼻后嗅觉又叫口腔嗅觉。我们在日常吃东西的时候，通过咀嚼，气流会从口腔上升到鼻咽部，从而让嗅觉器官也参与到美味的享受之旅中，而且在综合体验中占比还挺高的，只是我们往往忽视罢了。小孩吃冰棍，喜欢抽送吮吸，让芳香气体从口腔不断灌入鼻腔，享受之际，也是同样的道理——强化鼻后嗅觉感受。而一旦感冒鼻塞或者捏住鼻子，我们所能感受到的就只有酸、甜、苦、咸、鲜等基本味道了，此时损失掉的可辨识性内容可能非常关键。从人类进化的角度来审视，随着人类颌骨变小、面部变平而导致鼻后通道（Retronasal Passage）逐渐变短，距离的缩短使得鼻后嗅觉更加明显，进食体验也就更加丰富。

曾有研究表明，品酒过程中味觉及口感所占的比重并不少于嗅觉感知，甚至更多。但是咖啡品尝则不同。实验表明，让人们捏着鼻子去盲品咖啡（不告知所饮用的就是咖啡），有些人甚至根本无法判断出喝下去的就是咖啡，而超过90%的可用来辨识咖啡细节的信息内容都损失掉了。由此进一步说明嗅香对于咖啡品鉴的重要性，以及适当关注咖啡饮用方法对于享受咖啡的重要性——我们借助咖啡杯测匙将舀取的咖啡液送到唇边齿间，再通过啜吸的方式喝咖啡，口腔中的咖啡液被雾化并使得更多空气顺势灌入，此举虽然可能发出些许不雅的声音，但却是专业品鉴的不二法门。

回到"闻着臭，吃着香"的话题，还需要再补充多说几句。科学研究发现，人们吃东西时，鼻后嗅觉远比鼻前嗅觉反应强烈，食物进入口腔后，随着温度改变、被充分咀嚼以及发生了多种酶参与的化学反应，这导致鼻前嗅觉和鼻后嗅觉的差异还是比较大的。螺蛳粉、臭鳜鱼等食物之所以吃起来香，是因为蛋白质分解会产生具有鲜味的游离氨基酸，大幅增加了鼻后嗅觉的愉悦感。

3.7 范式试验怎么做？

范式试验是一种不将气体直接吸入鼻腔里，而从口腔舌面上被感觉出来的简易实验，可以用来感受、提升、强化和扩展鼻后嗅觉，咖啡品鉴师的培训教学中可以引入。我们可以结合前文关于鼻后嗅觉的话题来展开讨论。

第一步，我们用手捏住鼻孔，张开嘴巴来进行呼吸。

第二步，将一个盛有挥发性气味物质（茴香粉、丁香油、柠檬汁、咖啡液等均可）的小瓶放在张开的嘴巴旁边，但请注意瓶颈靠近嘴巴但不能触碰，更不允许咀嚼或吞咽。

第三步，用嘴巴迅速吸入一口气后立即闭上嘴，拿走小瓶。

第四步，保持嘴巴闭合的同时，迅速放开鼻孔，使气流通过鼻孔流出，从而在口腔舌面上感觉到该物质的存在。

3.8 周遭环境等外界因素对于嗅觉影响大吗？

作为一种远感，嗅觉很容易受到诸多因素的影响，我们仅从周遭环境和情绪状态两个方面展开。

周遭环境的很多因素都对嗅觉影响很大，比如潮湿的空气有助于提高嗅觉灵敏程度。我平日所处的北京较为干燥，湿度经常只维持在20%～30%，于是我们在日常做咖啡杯测时，为了提高大家的嗅觉感知，偶尔会开启空气加湿器，或者建议学员用洁净的清水清洗一番鼻腔，尤其是鼻腔内侧，此举不仅可以将鼻腔内的灰尘颗粒清除掉以利于呼吸通畅，更因为水溶液比干燥的空气能够俘获更多引起嗅觉的气味分子——它们在水中的溶解系数比在空气中大10～1000倍，由此来最大化地刺激嗅觉感受器。

嗅觉与情绪也密切相关。神经影像相关科学研究发现，负责嗅觉信息处理的脑区与负责情绪处理的脑区高度重叠，它们均涉及杏仁核、海马、扣带回、眶额区皮质、脑岛等区域，两者之间神秘莫测的关联可见一斑。

一方面，嗅觉能够影响情绪，某些特定气味可以引发某人愉快或不愉快的情绪和一段记忆。最为明显的例子是，口臭、狐臭等不良的气味会使人"敬而远之"。当学习和回忆伴随着愉快的气味时，我们会自动将愉快的气味作为提取线索，会提高记忆的成绩；当学习伴随着不愉快的气味时，不愉快的气味亦能够激发人的学习动机，提高人的兴奋性，提高记忆的成绩。很多都市白领喜欢在咖啡馆里办公会客，很多作家喜欢在咖啡馆里写作，都是因为伴随着令人愉悦的咖啡香气，情绪振奋、效率提升、记忆力改善。

另一方面，情绪融合了人类思想、行为和多种感官的心理和生理状态，反过来也能影响嗅觉。有科学研究发现：人在悲伤的情绪状态下，嗅知觉输入减少，嗅觉敏感性随之降低；人在厌恶和恐惧的情绪状态下，大脑会自动降低嗅觉阈值以促进个体检测到威胁，让某些嗅觉敏感起来，从而远离可能存在的潜在威胁；人在积极乐观的情绪状态下，原本评估为中性的气味也会带来更大的愉悦感受。现在你是不是已经意识到：为何路过一家咖啡店时，扑面而来的诱人香气是如此重要了。

3.9 如何克服嗅觉疲劳？

古人说"入芝兰之室，久而不闻其香；入鲍鱼之肆，久而不闻其臭"，便是指嗅觉疲劳现象。嗅觉较其他感官更加易于疲劳，对某种气味完全适应后反而无感，长时间用力去嗅闻往往适得其反，这是嗅觉长期作用于同一种气味刺激而产生的适应现象。

根据前文讲述，在我们的鼻腔后方有个叫作嗅上皮的特殊细胞组织，这些细胞在脑内通过嗅觉神经元连接到嗅球，每个神经元的末端都有一个受体细胞，当气体分子通过鼻前嗅觉通路或鼻后嗅觉通路与受体细胞接触时，气味分子会在受体细胞上附着于特定的蛋白质，这个过程被称为蛋白质-配体结合。一旦附着结合，会使钠和钙离子涌入细胞当中，穿越细胞膜离子通道的时候产生一个电位差，这些电信号将神经元传输到大脑当中，我们便闻到了气味。但是如果钠和钙离子大量持续通过，会导致创造电脉冲的渠道临时关闭，相类似的气味分子将不能激活受体，并且将不再发送电信号使大脑感知到气味。这就是嗅觉疲劳的本质。实验还发现，当处于嗅觉疲劳期间，所感受的某些气体的特质也会发生明显变化。这种现象是由于不同的气味组分在嗅上皮黏膜上适应速度不同而造成的。

我们在嗅闻咖啡时，尤其是处于多杯咖啡进行横向比较的场景（如杯测）时，越是心情紧张之下埋头用力嗅闻，效果往往越不佳。而嗅觉对同款咖啡香气的刺激疲劳后，灵敏度再恢复需要一定时间。更为糟糕的是，在嗅觉疲劳期间所感受的气味本身有时也会发生变化，导致最终结果发生偏差，这一点在做三角杯测时需要关注。

咖啡品鉴师们根据个人经验，会建议你通过嗅闻一下自己皮肤、手腕、袖口或其他物体来快速缓解嗅觉疲劳。我们在很多售卖香水的店铺里也会看到摆放着用于缓解嗅觉疲劳的咖啡豆或咖啡粉。但这一招真的足够管用吗？科学家们却通过实验对比认为，简单地吸入大量新鲜空气来缓解嗅觉疲劳似乎更有效一些。

3.10 嗅觉是否会因人而异？

是的，天赋人各不同，感官因人而异。前面章节讨论过味觉因人而异，其实嗅觉同样如此，欢迎大家结合来看。

世界上有高达14%的人先天对某种或某些气味毫无嗅感。比如有2%的人对于熏天的汗臭毫无感觉，对此你不要觉得奇怪。除了嗅觉强度本身的差异，嗅闻者的身体状况、心理状态和实际经验等都会对结果产生巨大影响。不仅不同种族、性别、年龄的人差异巨大，不同职业、生活习惯、所处地域的人也会有截然不同的嗅觉灵敏程度和认知体系。全世界很多不同的地域文化里都有女性嗅觉能力略强过男性的话题或普遍性认知。英国感官心理学家、全球香水营销学会首席科学家艾弗里·吉尔伯特（Avery Gilbert）的观点非常有趣，她认为女性嗅觉优势部分程度上是由于女性有着更高程度的语言能力，而语言表达力、流畅性等促进了无形中的气味记忆测试和气味识别方面的表现。另有一个性别对比嗅觉研究发现，女性对于某种气味更加敏感是由于遭遇某种气味几次以后，就会对低浓度级别下的该气味更加留心。

对于每一个人来说，每天不同时段生理状态不同，嗅觉差异也很大。一般来说，早间是全天嗅觉最灵敏的时段，而饭后则陷入一个低谷。一旦患上感冒，鼻腔内的嗅细胞被覆盖，使气味物质很难刺激嗅细胞，嗅觉能力就会大打折扣了。激素对于女性嗅觉影响很大，一名女性的嗅觉灵敏程度在经期是有变化的，排卵期时往往到达嗅觉高峰。

此外，虽然有嗅觉敏锐者和嗅觉迟钝者之分。但需要额外注意两点：首先，嗅觉敏锐者并非对所有气味都敏锐，而是因不同气味而异。比如长期进行品控的咖啡品鉴师，就会对咖啡香气变化非常敏感，长期从事评酒工作的人会对酒香的变化非常敏感，但他们却不一定对于其他气味同样敏感。我曾经遇到过一位学员，对于咖啡香气反应较为迟钝，但她对于很多水果香气则极度敏感，甚至能够仅通过嗅闻就鉴别出十多个芒果的品种，还能通过快速嗅闻判断其成熟度。好奇之下细细打听才知，来自南方的她家里开了一家水果铺，在此环境中从小长大的她对于水果香气熟稔于胸就不意外了。其次，嗅觉能力强大与否很大程度上取决于对应大脑功能的开发。很多六七十岁的咖啡品鉴师、品酒师、调香师拥有着远超年轻人的嗅觉能力，其实并不是拜他们的鼻子所赐，而是经年累月对于嗅觉这部分大脑功能的持续开发，技巧、认知与经验能够在很大程度上弥补的缘故。

3.11 不同香气之间有哪些彼此作用？

我们在嗅闻咖啡香气时，上千种不同的挥发性气体彼此之间发生着极为复杂的作用，这会让结果变得十分复杂。咖啡品鉴师、产品研发和咖啡烘焙师等相关职业需要对此有更多认知。我们将最常见的五种情况罗列如下：

第一，某些主要气味特征受到压制或掩盖，无法辨认混合前的气味。很多除臭剂、空气清新剂的研发便是利用了这种气体混合特性。

第二，混合后气味特征变得不可辨认，甚至混合后变得几乎无嗅味，这种叫作中和作用。

第三，某种原有气味被压制或掩盖，使用调料掩盖某些食材的腥味便是一例。

第四，混合后原来的气味特征彻底改变，形成一种新的气味。

第五，保留部分原来的气味特征，同时又产生一种新的气味。

3.12 为什么会有关于咖啡品质的"香气决定论"？

嗅觉（Olfaction）是对空气中化学成分气味刺激的感受能力，而气味是能够引起嗅觉反应的物质。很多咖啡师认为，对于咖啡香气的嗅觉感受评估在评价一杯咖啡风味中应该居于最重要位置，也就是咖啡品质的"香气决定论"。这是为什么呢？我们需要从两个方面来讨论。

首先，从漫长的进化过程来说，嗅觉对于几乎所有动物都是关乎躲避危险、寻觅食物、交配繁衍等生死存亡的头号能力，人同样如此。人的嗅觉比视觉更原始，比味觉更复杂和敏感。科学研究发现人类的嗅觉能力很强大，人体内存在着1000个基因编码用于辨别约1万种不同的气味，更具备很好的感受低水平气味的能力，比如说嗅觉能够感受到的乙醇溶液浓度约为味觉感官所能感受到的浓度的1/24000。咖啡中的很多美好秘密，味觉根本无法察觉，只有通过嗅觉才能体验发掘。

其次，咖啡生豆以糖类化合物为主（占到一半甚至更多），更兼有蛋白质、油脂、水分、丰富有机酸等复杂成分，这种前驱风味物质构成占比决定了在后续烘焙加热过程中会有美拉德反应、焦糖化反应、脱羧反应、水解反应、热解反应等一系列复杂的化学反应争相绽放，咖啡香气的多样性和复杂性就此奠定（图3-2）。

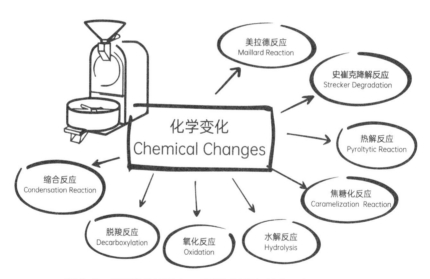

图 3-2　咖啡烘焙过程中一系列化学反应创造风味、影响品质

一方面，咖啡烘焙过程中一系列复杂化学反应生成了上千种芳香物质，目前科学家已经分离并确认出850多种，并发现呋喃类化合物和吡嗪类化合物是香气的主要来源，它们的来源及溯源轨迹是咖啡烘焙的奥秘所在。可以说，忽略香气去探究咖啡等于说是"捡了芝麻，丢了西瓜"。香气从来就是咖啡本身最大的魅力所在，是极致享受之源。

另一方面，咖啡复杂的香气中隐藏着"从种子到杯子"的海量秘密，我们一般会将其分为内在因素与外在因素来系统讨论（图3-3、图3-4）。从香气入手也是最佳切入点，哪怕到了烘焙完成的熟豆环节，香气依然至关重要。新鲜咖啡香气强烈、特征明显，而陈旧劣化的咖啡则香气弱、风味平，氧化、哈喇甚至铁锈等气味明显，令人不悦。

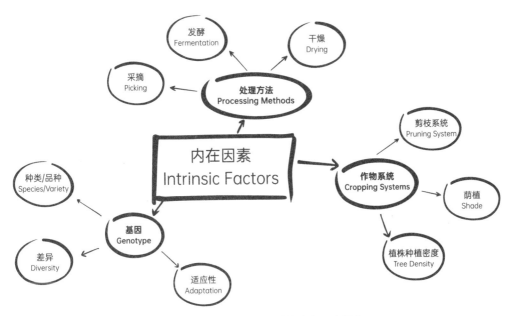

图 3-3　影响咖啡品质风味的内在因素组合

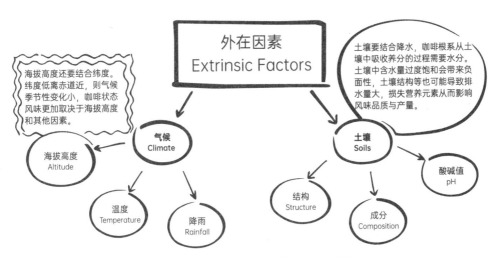

图 3-4　影响咖啡品质风味的外在因素组合

第 4 章

咖啡嗅觉进阶篇
闻香识咖啡

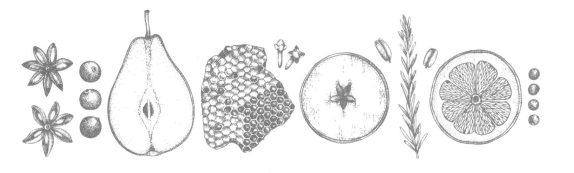

4.1 定义咖啡香气前，怎样了解香气的分类？

当你去网上或线下专卖店里购买一套完整的香精油，其中往往会有一支标注为"咖啡香"，似乎天底下但凡咖啡都是这款香气，"咖啡香"便是咖啡香，天底下有了共识，顺理成章，绝无意外。其实，我们已被束缚在了自己编织的无形边界里，很有些不妥，小瞧了咖啡香的复杂性、多变性。

究竟什么才是真正的咖啡香气呢？倒不妨退后一步，先从更加广义的气味说起。在自然界中，存在着大量的植物、动物和矿物等有气味的物质，它们不断地散发出人眼所看不见的微小气味分子，这种气味分子随着空气的流动而运动，其中有一少部分被我们的嗅觉所感知。目前认为，在世界上200万种有机化合物中，约40万种都有气味且各不相同。

由于嗅觉被认为是人类原始的感觉，缺乏自身的表达符号，再加上世界上气味又过于繁多，导致难以逐一命名，只能够借助于发出气味的物质来进行具象化表达。人对气味的认知反映在语言上，就叫作气味词。现代汉语语境中有大量的常见气味词，一般构词形式是："事物名称+味"，如"药草味""香水味""奶油味""汽油味"等，请记住：这里的"味"可并不是味道，而是气味。

由于气味没法明确定义，也很难定量测定，所以只能借助分类进行描述。但是给纷繁复杂的气味分类谈何容易呢？早在我国古代，就有很多典籍对气味进行分类。通常分作"四气"或"五气"。"四气"指的是膻气、焦气、腥气和朽气。"五气"指的是臊气、焦气、香气、腥气和腐气。18世纪瑞典博物学家卡尔·冯·林奈（Carl von Linné）无疑是科学分类法的鼻祖，也是世界上气味科学分类的第一人。他在探讨植物的药用价值时"顺手"将气味分为七大类：香味、辛辣味、麝香味、蒜味、羊膻气味、"令人讨厌的气味（臭味）"和"使人恶心的气味"。但林奈只是基于植物的药用属性在做分类，并不算通用气味分类。

19世纪末期德国科学家的索额底梅克氏分类法（Zwardemaker）将气味分为八大类：芳香味、香脂味、刺激辣味、羊脂味、恶臭味、腐臭味、醚味、焦煳味。比如橙子、葡萄柚、柠檬、佛手柑、蜜橘等含有柠檬醛的水果香气属于芳香味，奶酪等奶制品的奶香气属于羊脂味，葱、姜、蒜等含有硫醇的食物香气属于刺激辣味，某些茄科茄属植物的气味被纳入到腐臭味中，此外还有很多水果香气则被纳入到醚味中。作为咖啡品鉴师，我们不难发现，咖啡生豆通过不同焙度制成咖啡熟豆，再考虑到不同的树种、种植微环境、采摘、加工处理、仓储运输等环节，似乎一杯咖啡呈现出来的香气在如上八大类中都有存在的可能性。

舒茨氏分类法（Schutz）与索额底梅克氏分类法类似，将气味分为九大类：芳香味、羊脂味、醚味、甜味、败味、油腻味、焦煳味、金属味、辛辣味。与索额底梅克氏分类法相类似，舒茨氏分类法也可以用于咖啡品鉴中且更加精确实用。败味、油腻味、焦煳味等在咖啡中呈现较易理解，怎么还会有金属味呢？我们不妨举一个例子。咖啡烘焙师们都知道，如果使用半热风的滚筒式烘焙机，需要控制好加热节奏，过分快炒或过分慢焙都会带来负面的香气呈现。其中，过分快速烘焙之下咖啡豆由表及里脱水加热不均匀，呈现出外焦里嫩的现象，再加上绿原酸水解等诸多因素，呈杯风味中会出现明显的"金属味"，更伴随着粗劣的酸与苦涩感。

1916年，德国生理学家汉斯·亨宁（Hans Henning）非常有创造性地提出了气味三棱体概念，他将气味分为六大类并对应于三棱体的每个面，认为所有气味都是由这六种基本气味以不同比例混合而成的：芳香味、腐败味、醚味、辛辣味、焦臭味、树脂味。也就是说世间任何气味都可以被定位于这个三棱体表面上的某个点，该点距离每个角的距离指明了该角代表的气味属性对于该气味的相对贡献度。不过"嗅觉三棱体"理论模型已经被今天的感官科学抛弃，只留下历史中的一段过往。

化学家约翰·艾莫尔（John Amoore）认为从分子结构特征来对气味分类是可靠的，他根据有关书籍的记载任意选出616种物质，将表现气味的词汇整合起来绘制成直方图，最后发现樟脑味、麝香味、花香味、薄荷味、乙醚味、刺激味和腐臭味这七个词汇的应用频度最高，因此他认为，这七种气味是基本的气味，任何一种气味都是由这七种基本气味中几种气味混合的结果。

由于篇幅的关系，我们不再去列举更多的气味分类法，但相信阅读至此的咖啡品鉴师们已经能够体会到两点。第一，气味是一种感觉，只存在于我们的头脑中。空气中存在着许多分子，但我们的大脑只将其中一部分判别为气味。第二，咖啡香气是如此复杂，似乎可能存在于如上任何分类体系的任何一类气味中。英国感官心理学家、全球香水营销学会首席科学家艾弗里·吉尔伯特认为：1955年之前，常规的科学手段还无法对一杯咖啡的气味做出完整化学分析，光是提取、分离、提纯、分析其中这些挥发性成分就要花上好多年。直到20世纪50年代气相色谱仪的跨时代出现才改变了一切。如果说调香师是把气味比作音乐的和弦，那么气相色谱仪就是把音乐和弦演奏成了分解和弦。

 ## 4.2 咖啡香气如此复杂，我们应该怎样学习咖啡香气呢？

通过前面一个话题的讨论，相信大家已经意识到了咖啡香气的复杂性，当然这也是咖啡的巨大魅力之一。学习咖啡香气应该注意以感官训练为主、理论结合实践，知其然，还要知其所以然。关于如何将理论结合实践，我从如下几个方面展开来给出建议。

第一方面，我们必须意识到一杯咖啡源自植物精华，最稀缺且珍贵的咖啡香气正是来自植物生长与采摘加工阶段。"从种子到杯子，再进肚子"，不管是咖啡师、咖啡烘焙师，还是咖啡品鉴师，大家最终都要将关注点投向产业上游，关注咖啡种植环节，在这个领域的积累越是深厚，对于咖啡的认知就越是透彻。那么从树种开始，种植的纬度与海拔高度、是否荫植、如何剪枝、种植密度、土壤现状、昼夜温差、生长周期、施肥状况、降雨量等诸多因素都会对植物生长的光合作用、呼吸作用和蒸腾作用等产生巨大影响，我们还需要调配使之做到营养生长与生殖生长的最佳匹配，从而最终关联挂果和咖啡呈杯风味，咖啡里大量美好的花香果香、酸甜平衡、丰沛甜感等都是从此而来。在此我们仅举一例来展开，包括咖啡树在内的所有果树，都有一个相对比较具体的叶面积和果实负荷量比例概念，叫作"叶果比"。苹果树显然与咖啡树的"叶果比"不相同，而不同的咖啡树种有着截然不同的抗晒特性，其实"叶果比"也完全不同，而这个参数又与香气有关，而行间距离、遮阴种植、剪枝、施肥等都与控制"叶果比"密切相关。讲到这里当然还远远没完，果实采摘、加工处理、发酵静置、去皮脱壳等环节同样学问极多，也会对咖啡生豆品质带来巨大影响，从而直接关联咖啡呈杯风味。最近这几年，采摘之后的后置加工处理环节大爆发，成为了吸引资本关注和吸引消费者目光的重要阶段，一系列五花八门的处理法横空出世、各种新奇的咖啡风味在杯中呈现便是明证。

第二方面，咖啡生豆需要高温焙烤才能成为咖啡熟豆，我们把这个环节称作烘焙（Roasting）。很显然，咖啡烘焙是一个极为重要的环节，咖啡生豆里的风味物质只能算作是"前驱风味物质"，还不能算作是"呈杯风味物质"，最终呈杯风味如何？好喝还是不好喝？偏酸还是偏苦？甜感好不好？是否有涩感？苦味是否突出？有没有迷人花香？热带水果调性出现没有？发酵风味是否明显……这类问题很大程度上都是由烘焙来决定的。作为一名咖啡烘焙师，我对自己的职业背景和重要性表示自豪。但正因如此，烘焙绝不简单。烘焙机、入豆量、回温点、烘焙曲线、升温率、发展时长、发展率、烘焙度、豆粉值……烘焙技术框架中上百个重要参数都需要给予关注。哪怕复制出一条完全相同的烘焙曲线、确保熟豆粉值也完全一致，但风味依旧可能有很大偏差——微观层面上每一颗咖啡豆在烘焙过程中经历传热的进程节奏有别，微观层面上每一颗咖啡豆其间发生的一系列复杂化学反应有别。作为一名咖啡品鉴师，我们自然无须掌握到如烘焙师那般精细的程度，但依然需要了解咖啡烘焙与风味生成之间的基本关联和大体规律。

第三方面，烘焙一旦完成，咖啡熟豆摆在面前，内里有哪些风味物质便是明确的，我们需要研磨萃取将其在杯中展现出来。但需要知道的是，咖啡熟豆里面既有讨喜的好风味，也有讨厌的坏风味，不同熟豆占比有别，如何将好风味尽可能多多地抽取出来的同时，确保坏风味抽取出来尽可能少，也是个不小的学问，这也是咖啡师展现技能的舞台。当然，研磨萃取环节并不是单纯的研磨和萃取，还需要考虑到冲泡用水，并将诸多要素精妙地整合在一起，最终对一杯咖啡呈杯风味也有着巨大的影响。关于研磨与萃取我们在后文中还将详细展开讨论，此处略过。

第四方面，我们可以将前面三点分别归纳为：生豆、烘焙和研磨萃取，这三大重要环节操作之时都有可能产生一些典型性的负面风味，又叫作瑕疵风味。我们分别将其归纳为：生豆瑕疵、烘焙瑕疵和冲泡瑕疵。如果说定义"好"有难度，那么识别"坏"就要更加容易些，第一时间捕捉到杯中可能存在的瑕疵风味，并将其归入产业价值链的特定环节（确定问题所在）是一名咖啡品鉴师的重要使命，这也是学习咖啡香气的重要内容和专项课题。在过往漫长的咖啡产业发展历程中，通过咖啡呈杯风味品质来做品控比比皆是，但很多咖啡品控者并不将精力放在"择优"之上，而是把主要精力放在"找毛病"之上，缺陷瑕疵越少，等级越高，卖得越贵。反之缺陷瑕疵越多，等级越低，卖得越便宜。

前面讲解了学习咖啡香气的四大方面，着实有些复杂，相信会令一些入门级读者头疼不已。幸运的是，我们有很多优秀的工具来辅助学习。咖啡师、烘焙师、咖啡品鉴师们可以借由各种版本的咖啡气味图谱、风味轮或咖啡鼻子等工具来进行学习标注或与顾客交流，越来越多的线上工具、手机应用也应运而生，我们接下来将就此展开讨论。

4.3 能否介绍一下法国咖啡闻香瓶？

　　法国让·勒努瓦（Jean Lenoir）先生从1981年推出第一版嗅觉训练工具酒鼻子（Le Nezdu Vin）至今，其研发的葡萄酒闻香瓶和咖啡闻香瓶已经广受认可，SCA（精品咖啡协会）及CQI等专业咖啡机构均将其作为咖啡品鉴师的嗅觉训练工具，中国国内的咖啡师、咖啡品鉴师等培训认证项目也将其引入。咖啡闻香瓶不仅给了我们一套非常实用的咖啡干湿香气描述关键词表，还是辅助我们日常品鉴咖啡、训练嗅觉感官的好助手。

　　咖啡闻香瓶将36种典型香气分成四大组别，每组9瓶样品香精油（文前彩图4-1）。第一组为酶催化香气（Enzymatic）组别，呈现的香气以花香、果香、草本香气为主，因此有时我们将其简称为花果香气组别。这个组别的9瓶样品具体包括：土豆（Potato）、豌豆/青豆（Gerden peas）、黄瓜（Cucumber）、茶香月季（Tea Rose）、咖啡花（Coffee Blossom）、柠檬（Lemon）、杏（Apricot）、苹果（Apple）、蜂蜜味的（Honeyed）。咖啡豆在做浅度烘焙时，偏小分子量的气体分子释放较多，这类香气比较突出且集中呈现出来，具体来说与咖啡树种、种植环境、生长周期、光合作用、采摘、加工处理等"先天因素"关系较为密切。我在日常培训教学中发现，酶催化香气组别对于学员们普遍难度不大，这与我们日常生活中接触类似香气较多密不可分。

　　咖啡闻香瓶的第二个组别为焦糖化香气（Sugar Browning）组别，9瓶样品具体包括：香草（Vanilla）、黄油（Butter）、吐司（Toast）、焦糖（Caramel）、黑巧克力（Dark Chocolate）、烤杏仁（Roasted Almonds）、烤花生（Roasted Peanuts）、烤榛子（Roasted Hazelnuts）、核桃（Walnuts）。该组别呈现的香气主要在中度烘焙及中深度烘焙时集中呈现，是一些中等及中等偏大分子量气体分子较为集中释放的产物，代表着美拉德反应和焦糖化反应等褐化反应的剧烈推进。初步上手学习的学员便可以认定焦糖化香气组别属于比较典型的"咖啡香"，但是想要将9瓶逐一细分出来着实小有难度，我经常半开玩笑说，多买一点烤坚果零食吃就会好些。

　　咖啡闻香瓶的第三个组别为干馏反应香气（Dry Distillation）组别，9瓶样品具体包括：雪松/杉木（Cedar）、像丁香的（Clove-like）、胡椒（Pepper）、香菜籽（Coriander Seeds）、像黑加仑的（Black Currant-like）、麦芽（Malt）、甘草（Liquorice）、烟丝（Pipe Tobacco）、烘焙咖啡（Roasted Coffee）。干馏反应组别的香气则主要在深度烘焙时集中呈现，是咖啡陷入第二次爆裂的沉沦中，焦糖化反应使得存留的糖迅速减少、苦味物质大量生成，干馏反应出现时呈现出来的香气特征。某些咖啡老饕会迷恋这类香气，少许这类风味夹杂其间确实能够为某些咖啡增色不少，但为此付出的代价却也十分沉重——酸香甜损耗、苦味上升，需要拿捏分寸。

咖啡闻香瓶的最大的特色在于还设置了第四个组别——瑕疵缺陷香气（Aromatic Taint）组别。瑕疵缺陷只是一种定性判定，与你是否喜欢闻这些香气毫无关系。在某些特殊的咖啡产品中，出现些许这类香气一律都判定为咖啡从采收处理直至烘焙某个环节的疏漏是有失公允的，因此有些咖啡品鉴师会特意回避"缺陷瑕疵"等字眼，将这一组别称为其他组别。这一组别的9瓶样品具体包括：泥土（Earth）、干草/稻草（Straw）、咖啡果肉（Coffee Pulp）、皮革（Leather）、香米（Basmati Rice）、熟牛肉（Cooked Beef）、烟（Smoke）、药味（Medicinal）、橡胶（Rubber）。

4.4 法国咖啡闻香瓶该当如何使用？

法国咖啡闻香瓶是咖啡品鉴师等从业者日常学习、训练、品控对比的好帮手。具体使用起来也有很多方法，我在此介绍一个五阶段学习训练法。

第一阶段，将36瓶摆出来，大大方方地逐一对应，一边嗅闻一边记忆，同时尽可能增加相关知识点的扩展，做到"知其然，知其所以然"。这是最简单、最直接的方法，也是入手第一阶段最为有效且重要的使用方法，学习速度慢点儿也没关系，不建议普通学习者跳过这个阶段。

第二阶段，开启入门级盲测，技能难度其实并不大：闻一下样品香气，写下你对该样品的感受，可以是一个关键词，也可以是多个关键词甚至一句话。这一阶段并不要求精准，只要求建立一种认知和关联。同样需要继续巩固相关的知识点，继续夯实"知其然，知其所以然"的原则。如果你的定位只是咖啡学习者、咖啡爱好者，停留在第二阶段便可驻足，再往后便是对咖啡品鉴师等专业从业者的要求了。

第三阶段，分组进行盲测识别：闻一下样品香气，写下该样品的中英文名称。盲测之时应该注意几点：第一，屏蔽视觉因素，避免光线带来的干扰。有条件的话可以在红光暗房里进行。第二，要将同组的9瓶样品完全包裹起来并做二次编号。第三，盲测者独自拧开样瓶，一手持瓶盖，另一手持瓶。既可以嗅闻瓶盖，也可以嗅闻样品。但嗅闻完成后要第一时间拧上，确保瓶、盖对应。根据多年的教学实践经验，第一组对于测试者来说最是容易，不乏第一次全对通关者。第二组则难度相对最大，过半学员需要多次反复练习才能确保正确。

第四阶段，可以尝试将36瓶混合在一起进行盲测训练，中高级别咖啡品鉴师可以尝试这一环节的训练，依旧建议在红光暗房中进行，不过这一次最好能够做正计时或倒计时，既需要考验准确度，也需要尽可能快速。5分钟之内100%正确是进入高手阶段的最低门槛，大家可以自测一下。

第五阶段，到了这一阶段法国咖啡闻香瓶还有一种新玩法。那就是拿出两套瓶身包裹完好的闻香瓶，在盲测的前提下去做一对一快速匹配。法国闻香瓶虽然调配专业，但每一个生产批次终归会有细微差异，用两盒去做一对一快速匹配需要参与者彻底记住典型性的香气，不再是生硬记住某一盒中每一个样品的特定香气，而是真正记住这种香气的本质，做到举一反三。就好比水果店里销售的苹果会有很多种，彼此间香气差异极大，但绝大多数人拿起来一闻就能确定是苹果而不是葡萄。

4.5 能否讲解一下经典版咖啡风味轮？

20世纪70年代，丹麦味道化学家莫腾·麦尔高（Morten Meilgaard）发明了世界上首个啤酒气味轮，14个大类、44个描述关键词将任何类别的啤酒涵盖其中，不过这些关键词以化学物质成分为主，并不面向普通大众。化学家和感官学家安·诺贝尔（Ann Noble）受到启发，于1984年发明了葡萄酒气味轮，通过三个同心圆呈现出12个大类、94种描述关键词，将葡萄酒香气囊括其中，大幅改进的是，这些描述关键词来源于日常饮食生活，易于辨认，没有技术难度，普通消费者和爱好者也可以加以使用。受到启发和鼓舞，一大堆香气轮、味道轮、风味轮便如雨后春笋般涌现，白兰地、蜂蜜、威士忌、巧克力、奶酪、香水……这其中就有咖啡。

1995年由SCAA（美国精品咖啡协会）编制出咖啡品鉴师风味轮（Coffee Taster's Flavor Wheel），这是继啤酒、葡萄酒之后又一个被广泛接受的饮品风味轮，也是第一个由业内专家编制的咖啡风味轮，今天我们将其称作旧版或经典版咖啡风味轮（文前彩

图4-2）。咖啡风味轮让描述咖啡风味有章可循，更加精准且合乎逻辑。

经典版风味轮的左侧半圆涉及甜（Sweet）、咸（Salt）、酸（Sour）、苦（Bitter）四种基础味道（Tastes），更基于这四种基础味道还有二级、三级的延展，既可以用于学习感受、感官校准，也便于品鉴师进行描述。举例来看，甜味被微量咸味结合修饰，能够展现一种"圆润甘甜（Mellow）"，再往第三层级进一步展开，可能是一种"精致微甜（Delicate）"，也可能是一种"温和柔甜（Mild）"。甜味与酸质结合，则会产生一种奇妙的"酸甜振"，让酸味得到提升，成为一种更加优质的酸，称为"甜中有酸的/优质酸味（Acidy）"，再往第三层级进一步展开，可能是一种"微辣刺酸（Nippy）"，也可能是一种"清爽冷酸（Piquant）"。

右侧半圆涉及的咖啡湿香（Aromas）部分呈扇形多层布局展开，我们要遵循由里圈至外圈、顺时针方向的原则来观看学习。由此不难发现，香气被按照酶催化作用、糖褐变反应和干馏作用分组，这三大群组大体对应着咖啡烘焙由极浅（一爆开始）到极深（二爆结束）的烘焙全过程，这一层级与法国咖啡闻香瓶结构大体一致，可以看作是SCAA将咖啡中最典型且突出的香味分为三大类：第一大类主要是沉香醇、大马酮、茴香醛、3-乙基-丁酸甲酯、3-异丁基-2-甲氧基吡嗪等发酵生成物；第二大类主要是2-糠基硫醇、三甲基吡嗪、葫芦巴内酯、2,3-丁二酮、苯乙醛、4-羟基-2,5-二甲基-3（2H）呋喃酮等糖褐变反应生成物；第三大类主要是愈创木酚、4-乙基愈创木酚、4-乙烯基愈创木酚、2-乙基-3,5-二甲基吡嗪等焦化过程生成物。我们在后文风味物质章节中还有详细解读。

酶催化作用组别主要是浅度烘焙下释放的高挥发性、小分子量气体分子，是果实成熟和处理加工阶段酶催化（微生物酶促生化反应）产生的有机酸等风味物质热解释放的结果，美拉德反应也是造香的重要原因之一。由于这些物质更多与树种基因、生长环境及采收处理等密切相关，是某款咖啡特色风味表达的主要形式，量少稀缺又不耐高温、易分解，更显得异常宝贵。

酶催化作用组别又分为三类：花香（Flowery）、果香（Fruity）和草本香（Herby）。其中花香与果香无疑最讨好，在细节辨析不清楚的情形下，笼统一句"花果类香气"已成为大家对好咖啡最常用的描述用语。但是花果类香气之外的草本类香气就不一定那么受人欢迎了。浅度烘焙时常常会呈现的葱蒜味（Alliaceous）和豆蔬味（Leguminous），如果极其轻微倒无妨，如果过于强烈就十分不妙，其问题出自咖啡生豆甚至是树种基因，也有时是由烘焙缺陷如发展不足、焗烤等所致。

糖褐变反应组别主要是浅度烘焙至中度烘焙下释放的中等挥发性、中等分子量风味分子,以美拉德反应和焦糖化反应同为"幕后元凶",具体又分为三类:坚果类(Nutty)、焦糖类(Caramelly)和巧克力类(Chocolaty)。可以这么说,几乎所有咖啡呈杯风味中都有这个组别的香气呈现,只是程度不同而已。

干馏作用组别主要是中深烘焙至深度烘焙下释放的低等挥发性、大分子量风味分子,是诸多化学反应综合作用的产物,具体又分为三类:树脂类(Resinous)、香料类(Spicy)和炭烤类(Carbony)。今天我们很少将精品咖啡豆做特别深度的烘焙,因此对于这类香气较为陌生,但在过往,这些香气则是最为经典的咖啡香。虽然在此阶段美拉德反应等依然发挥着作用,但情况已经有所不同。通过传统饮食文化,我们不难感受到干馏作用组别中的部分香气与传统烟熏食物中的香气有相似之处,事实也如此。传统的烟熏是利用木屑、树枝、谷壳和稻草等植物原料不完全燃烧所产生的烟气,将烟气中含有数百种不同的风味物质慢慢吸附、渗透到食物中,从而赋予食物独特的风味。须知咖啡豆本身就是一种植物木质结构,本质上与木材几乎一致,高温下不完全燃烧(风机带来的氧气不能足量且及时地进入早已膨胀的木质豆体内部)也确实可以产生熏烟(独特的烟熏风味产生离不开熏烟加工)——由水蒸气、气体、液体和固体微粒组合而成的混合物,主要成分为酚类、酸类、醇类、羧基化合物和烃等,其中酚类物质作用最大。在深焙咖啡中,我们经常能够感受到松脂、桉树油、杉木、樟脑、焦油、烧焦、烟丝、焦炭、柏油、沥青、丁香、胡椒、肉豆蔻、芹菜籽、橡胶、灰烬等香气。

SCAA的经典版咖啡风味轮产生已有数十年时间,但指导实践依然价值巨大。很多咖啡品鉴师仅仅关注其中右半圆香气部分,忽略了对左半圆的味道部分解读,更少有将左右两个半圆结合在一起做解读描述的。

除了这个咖啡风味轮,另有一个瑕疵风味轮与之匹配。从每一种具体的瑕疵风味中,我们可以追溯探讨造成这种不愉悦风味的具体原因,从采收、处理到存放、烘焙,各环节均有可能。但是随着精品咖啡产业的快速发展和日趋主流化,生豆品质越来越好,人们很难从精品咖啡中捕捉到那么多的瑕疵风味,且消费者无一例外都将注意力放在了令人着迷的特色风味上,因此瑕疵风味轮的使用场景也逐渐少了。

4.6 能否再介绍一下WCR版咖啡品鉴师风味轮？

2016年1月，SCAA联合世界咖啡研究组织（WCR）发布了新版咖啡品鉴师风味轮，简称新版咖啡风味轮（文前彩图4-3），这是近21年来首次对旧版咖啡风味轮的更新工作，堪萨斯州立大学、得克萨斯农工大学等多所大学科研机构的专家和大量咖啡从业者参与其中。

首先，如上各方参与者携手分析评测了13个咖啡产国中的105个不同咖啡样本的风味，由堪萨斯州立大学感官分析中心领衔编写了《世界咖啡感官研究词典》（*The World Coffee Research Sensory Lexicon*），并将其作为新咖啡风味轮的基础。

随后，SCAA再与加利福尼亚大学戴维斯分校团队使用传统感官和统计方法进行全新改编，更有72位专家对词典的风味属性进行了排序，将数据整理并排列成造型优美的轮状图。

最后一步堪称"画龙点睛"，伦敦创意机构One Darnley Road对"黑白版"风味轮进行精心配色，每种颜色和色调都经过精心挑选，为了与相应的风味更匹配。于是我们便见到了今天这个色彩绚丽却有章可循的新版咖啡风味轮。

首先，这个新版咖啡风味轮分为三层，分别为内环、中环和外环。内环是种类科目，分为九大类：绿色/草本的、酸的/发酵、水果、花香、甜味、坚果/可可、香辛料、烘焙味、其他。有心的读者可以结合前文探讨的气味分类法加以对照，会有更多惊喜发现。中环则是内环各类别的二级明细科目，例如，内环的水果类包含了浆果类、柑橘类、果干类和其他水果这几个中环科目。内环的烘焙味类包含了谷物类、烧焦类、烟草和烟丝这几个中环科目。而外圈的外环则是三级明细，细分到具体品种或者化学物质成分上，例如柑橘类包含了青柠、柠檬、甜橙和葡萄柚。这样三层排布最大的好处是可以兼顾不同层次的品鉴者和不同需求的品鉴场景，比如说，对于咖啡爱好者，往往只用分辨出内环便已足够，而初中级咖啡品鉴师至少需要能够快速且准确地鉴别出中环，而再进一步学习和提升，还能够在外环去做更加精细地定位描述。

其次，新版咖啡风味轮这般设计，以中心部位为起点，逐步向外围延展去学习和体会，越是靠近外层，描述越是具体详尽，尤其要基于每个关键词彼此之间的差异性来体会。关注不同风味关键词之间的关联可以观察彼此间的色差和间隙，各个品类的缝隙间隔也较好体现了它们之间的远近关系。英国感官心理学家艾弗里·吉尔伯特在《鼻子知道什么》一书中详细介绍了职业调香师的嗅闻工作诀窍，成为调香师的难点不是学习去闻，而是学习去想。归纳起来大体分为两点。第一，记住每一个不同气味分类（家族）之间的差别是开启一切的起点，即"先闻森林，再闻树木"。开启嗅闻之时，单独的原料气味变得细节模糊而整体清晰，首先我们需要能够迅速辨识出该气味属于什么类别，也就是基本香型。我们需要锻炼自己特别的认知技能，也就是在心中不断加入新的气味，和怎样将新的气味划分到分类中。第二，确认分类后，进一步去嗅闻，寻找其中的香气细节，看看这个气味与同类中的其他气味相比有哪些细微差别，即找到不同之处。

此外，新版咖啡风味轮参照《世界咖啡感官研究词典》进行了大量补充，收纳了大量旧版中没有的关键词，仅花果类关键词就有不少全新内容，极大丰富了品鉴师的常用描述词库。

4.7　如何利用新版咖啡风味轮的配色提升学习记忆效果？

新版咖啡风味轮中相同风味群组使用了类似且贴切的颜色，"白色花果""成熟的红色果实""黑色水果"……以往这般描述好似玄学一般，但有了这个新版咖啡风味轮，一切就清清楚楚了。过往我们所谓的感官评价咖啡，调动五感也无非只是调动味觉、嗅觉和触觉而已，强大且直观的视觉一直没有参与进来。而色彩学恰到好处地引入有助于学习记忆，更让视觉体验终于有了"用武之地"，让多种感官联动记忆有了可能性。

兴起于20世纪的色彩学（Color Science）是一门研究色彩产生、接受及其应用规律，涉及心理物理学、生理学、心理学等诸多领域的综合学科。首先，色彩与人的情感、环境、生理等都具有明显关联性，正是因为这种关联，才让色彩心理成为色彩设计的重要内容。色彩本身并无温度、轻重、远近等不同，但不同色彩能产生非常强烈的心理效应，如冷暖、轻重、远近、动静等。一般来说，红色、橙色波长较长，心理感知上具有温暖感，蓝色、绿色波长较短，心理感知上具有冷冰感。明度高则具有冷感，纯度高则具有暖感……很显然新版风味轮的色彩设计充分应用了这些原则。其次，在色彩学中探讨了眼睛对色彩的接受过程，视觉记忆有一定的持续性，当外界物体的视觉刺激作用停止以后，在眼睛视网膜上的影像感觉并不会立刻消失，这种视觉现象叫作视觉后像。视觉后像的发生，是由于神经兴奋所留下的痕迹作用，也称为视觉残像，当然这视觉后像中具体还包括颜色的色相、明度等具体颜色视觉信息。

由此可见，有了视觉记忆的从旁"加持"与"强化"，我们味觉和嗅觉的感知无形中也得到了加强。咖啡品鉴师在学习时可以刻意加深色彩记忆关联，起到事半功倍的效果。

4.8 中国有没有属于自己的咖啡品鉴师风味轮或香气轮？

非常遗憾的是，我国目前并没有属于自己的、权威认可的咖啡风味轮或香气轮。虽然过去这几年间，我国咖啡消费市场规模正以20%～25%的平均增速在快速发展，整个咖啡产业也得到了很大的提升，但在咖啡理论研究、应用研究和技术创新上还略显落后。在消费终端环节，由于我国人群的咖啡消费偏好正在形成中，缺少属于自己的咖啡风味轮，只能暂时参考使用欧美相关工具，"接地气"等方面自然显得有所不足。

2019年伊始，铂澜联合哥伦比亚国家咖啡生产者协会（FNC）等多家机构携手开启找寻"咖啡中国味"，笔者是这一浩大民间咖啡公益项目的主要发起人之一。我们借助线下论坛与线上数字化等诸多手段，尝试系统性调研十万中国咖啡消费者，统计分析中国人的咖啡消费数据，分析不同地区、性别、年龄段和职业对于咖啡消费的感官偏好，以及适宜咖啡浓度、萃取率，并整理他们对于不同树种、产国（产地）和处理法的高频风味关键词。

2021年初，铂澜联合小咖侠微信小程序推出了第一版"常见咖啡香气关键词"，这是基于超过6000名咖啡从业者与消费者的咖啡杯测品鉴数据整理的高频关键词。在这份"常见咖啡香气关键词"中，我们共计整理归纳了17个大类目的咖啡香气，类目的设计要充分考虑到广大中国群体的消费认知，尽可能分类清晰且有科学依据可循，它们分别是：花香类、热带水果类、柑橘类、梨果类、核果类、瓜类/葡萄类、浆果类、草本类、果干类、糖类/甜香类、坚果类、谷物类、巧克力类、香料类、炭烤类、酒香类和瑕疵缺陷香气（图4-1、图4-2、图4-3）。由于是大数据统计分析的结果，很多我们耳熟能详的风味关键词得以被纳入其中，例如花香类中的桂花，热带水果类中的椰子、波罗蜜，柑橘类中的佛手柑、脐橙，核果类中的枣、水蜜桃，坚果类中的碧根果、

花香类 Floral			
茶香月季 Tea Rose	薰衣草 Lavender	茉莉花 Jasmine	洋甘菊 Chamomile
咖啡花 Coffee Blossom	玫瑰 Rose	桂花 Osmanthus	柠檬草 Lemongrass

热带水果类 Tropical Fruit			
荔枝 Lychee	芒果 Mango	菠萝 Pineapple	香蕉 Banana
椰子 Coconut	木瓜 Papaya	百香果 Passion Fruit	波罗蜜 Jackfruit

柑橘类 Citrus			
青柠 Lime	柠檬 Lemon	柑橘 Tangerine	橙子 Orange
西柚 Grapefruit	佛手柑 Bergamot	脐橙 Navel Orange	

梨果类 Pome			
青苹果 Green Apple	红苹果 Red Apple	梨 Pear	山楂 Hawthorn

核果类 Stone Fruit			
樱桃 Cherry	桃子 Peach	水蜜桃 Honey Peach	杏 Apricot
李子 Plum	青梅 Green Plum	杨梅 Waxberry	枣 Dates

瓜类 Melon / 葡萄类 Grapes			
麝香葡萄 Muscat	西瓜 Watermelon	蜜瓜 Honeydew	哈密瓜 Cantaloupe

浆果类 Berry			
蔓越莓 Cranberry	覆盆子 Raspberry	蓝莓 Blueberry	草莓 Strawberry
黑加仑、黑醋栗 Black Currant	黑莓 Blackberry	狝猴桃 Kiwifruit	杨桃 Carambola

图 4-1　铂澜版常见咖啡香气关键词（一）

腰果等。此外，第一版的"常见咖啡香气关键词"统计了大约1万个负面咖啡香气关键词，充分参考各个版本的咖啡风味轮后，再借助多位资深咖啡品鉴师人工筛选，整理出来20个典型的缺陷瑕疵香气，麻袋味、干木头味、泥土味、霉味、皮革味、纸板味、药味等均列入其中。

绿色/草本的 Green / Vegetative			
绿茶 Green Tea	红茶 Black Tea	薄荷 Mint	青椒 Green Pepper
黄瓜 Cucumber	蘑菇 Mushroom	土豆 Potato	番茄 Tomato
豌豆，青豆 Garden Peas	松露 Truffle	青草 Grassy	雪松，杉木 Cedar
新鲜树木 Fresh Wood			

果干类 Dried Fruit			
葡萄干 Raisin	西梅干 Prune	红枣干 Dried Dates	果脯、蜜饯 Candied Fruits

糖类，甜香类 Sweet&Sugary			
黄油 Butter	鲜奶油 Cream	红糖 Brown Sugar	枫糖 Maple Sugar
焦糖 Caramel	蔗糖 Cane Sugar	香草 Vanilla	蜂蜜 Honey

坚果类 Nutty			
烤杏仁 Roasted Almonds	烤榛子 Roasted Hazelnuts	烤花生 Roasted Peanuts	核桃 Walnuts
腰果 Cashew	碧根果 Pecan	开心果 Pistachio	夏威夷果 Macadamia Nut

谷物类 Grain&Cereal			
香米 Basmati Rice	黑麦 Rye	小麦 Wheat	大麦 Barley
麦芽 Malt	谷物 Grain	燕麦片 Oatmeal	甘薯 Sweet Potato

巧克力类 Chocolate			
可可粉 Cocoa Powder	黑巧克力 Dark Chocolate	牛奶巧克力 Milk Chocolate	黑可可 Pure Cocoa

图4-2 铂澜版常见咖啡香气关键词（二）

香料类 Spice			
大蒜、蒜头 Garlic	香菜籽 Coriander Seeds	洋葱 Onion	百里香 Thyme
肉桂 Cinnamon	丁香 Clove	胡椒 Pepper	甘草 Liquorice
小豆蔻 Cardamom	肉豆蔻 Nutmeg	迷迭香 Rosemary	罗勒 Basil
姜 Ginger			

炭烤类 Carbony	
熟牛肉 Cooked Beef	烟丝 Pipe Tobacco

酒香类 Winey			
白葡萄酒 White Wine	红葡萄酒 Red Wine	威士忌 Whiskey	白兰地 Brandy
朗姆酒 Rum	米酒 Rice Wine	甜酒 Sweet Liquor	雪莉酒 Sherry
香槟 Champagne			

瑕疵缺陷香气 Aromatic Taint			
泥土 Earth	柴油 Diesel	霉味 Mildew	干木头 Dried Wood
焦味/煳味 Burned	咖啡果肉 Coffee Pulp	药味 Medicinal	鱼腥味 Fishy
干草、稻草 Straw	灰烬 Ash	酸臭 Sour	皮革 Leather
纸浆 Paper / 纸板 Cardboard	烟 Smoke	生青豆蔬 Unsweet Peas	橡胶 Rubber
碘味 Iodine	酚 Phenol	尘土味 Dirty	麻袋味 Baggy

图 4-3　铂澜版常见咖啡香气关键词（三）

第 **5** 章

咖啡触觉篇

口感学问大

5.1 品尝咖啡时经常提到的触觉或口感究竟是什么?

我们经常会说"五感六识",两千多年前就由古人总结出来的这"五感"除了听觉、视觉、嗅觉和味觉外,还包括一个肤觉(Skin Sensation),即皮肤的感觉,这是我们辨别物体机械特征、温度等综合感受的统称。肤觉感受包括极广,其中人体皮肤受到机械刺激尚未引起变形时的感觉就叫作触觉。一旦刺激强度进一步增加,使得皮肤产生了形变,此时的感觉就升级叫作压觉,触觉与压觉两者合在一起又称作"触压觉",此外还有温度觉、痛觉等也都属于肤觉范畴。当然,我们有时也会直接将肤觉与触觉画等号,泛指一切具有机械的和温度的特性物体作用于肤觉器官、随即产生神经冲动并传入大脑皮层所引起的感觉,具体分作痛、温、冷、触压四种。

2010年,一位出生于黎巴嫩的美籍分子生物学家和神经学家雅顿·帕塔普蒂安(Ardem Patapoutian)发现了人类感知机械力的受体蛋白PIEZO,并于2021年因此获得了诺贝尔生理学或医学奖。本书写作之时,恰好清华大学科研团队对此做了验证并将成果发表在《自然》(Nature)刊物上。原来,在静息状态下受体蛋白PIEZO处于平衡态,一旦收到外部机械作用力,平衡被打破,受体蛋白细胞膜张力改变,正是通过"一张一合"的状态来生成生物电信号,也就是人体的感触。我们不由惊叹生命感知与物理原理用这样一种形式实现了完美融合。

我们在进行咖啡品鉴等食品感官评价工作时,味觉与嗅觉的联动自然最为重要,前文专门用了四个章节来展开讨论也是用意在此。但其他一些类型的感受也必不可少,这其中就包括触觉——口腔中上皮细胞里的受体接收并反馈的温度、疼痛、接触和压力等信息,而这些信息组成的触感也是评价咖啡呈杯风味中很重要的一环。

事实上对于相当部分的国人来说,触感好坏有时重要性不亚于嗅觉、味觉感受,成为评价咖啡或其他食物"口感(Mouth Feel)"好坏的决定性因素之一。在有些时候,中国所在的东亚地区大众咖啡消费市场也经常被贴上"口感型咖啡消费偏好"的标签,可见品尝咖啡时的口感体验在此区域的重要性。与此相对应的"风味型咖啡消费偏好"则往往属于偏小众消费群体,他们才会对于香气、酸质、风味等更加在意。

这里我们提到了"口感"一词,"口感"是个足够通俗但并不严谨的词汇,使用极广,用以描述食物入口后的物理特征(Physical Characteristics)以及食物在口腔中所引起的诸多质地（Texture）感受的总和，包含硬度、黏稠感、弹性、附着性、重量感、压迫感、粗糙感、收敛感、温度感等（图5-1），指的几乎全是"肤感"，而口腔触感无疑在其中占据了相当大的比重。

图 5-1　口感主要包括哪些

5.2　品尝咖啡时的触感或口感重要吗？

在饮食感官体验中，触感或口感并不引人关注，甚至显得"默默无闻"，但其却是评价整体风味感受和感官印象是否符合预期的重要因素。可以明确地说，品尝咖啡时的触感（或者叫作口感）十分重要。

我们在咀嚼食物或啜吸咖啡时，口感在很大程度上受到我们预期将会接收到的嗅觉和味觉感受所驱动，这款咖啡很鲜爽轻盈如沾染花香的柠檬汁，那款咖啡则宛如奶油巧克力……但实际结果呢？可能恰到好处，也可能失望至极。正因为此，我们在做咖啡品鉴时，经常会通过一种叫作"情感检验（Affective Test）"的手段来比较消费者对于不同样品的喜好程度差异，这也包括偏好检验、接受度检验和喜好检验等。大量实践发现，顺滑、柔绵、厚实等感受代表了更好的口腔触感，往往成为普通消费者偏向某款咖啡样品的重要理由。

但需要加以提醒的也恰是这一点，评价精品咖啡时，我们需要更多去评价风味，口感虽重要但只是次要维度，单纯口感不错但风味不佳的商业级咖啡、劣质咖啡比比皆是。在我开设的一些生豆模块或品鉴模块的培训课程中，有时会要求学员将桌面的精品咖啡与商业级咖啡区别开。为了避免视觉干扰，我们会在红光暗房里进行这类评测。根据我的观察，大约50%的学员是通过香气、风味、酸质、甜度来加以鉴别的，另外50%的学员则是通过口感来加以鉴别且准确度同样很高。

5.3 触感与味道的交互关系是怎样的呢？

不同的感官印象会在我们大脑中进行神奇的交融，这种交互作用会导致彼此间相互影响。科学研究发现，味觉、嗅觉与触感之间有着广泛且深入的互动关联（图5-2）。

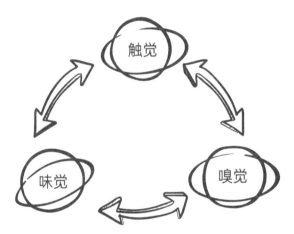

图 5-2　味觉、嗅觉与触感之间有着广泛且深入的互动关联

首先，某些味道会影响人们感受到的食物质感。甜度会增加食物的黏稠质感，而酸味则会削弱。正因如此，越是甜度丰沛的咖啡，我们越会觉得其质地厚实饱满，而越是酸爽的咖啡，则越会觉得轻盈一些。我们在品尝浅焙的埃塞俄比亚咖啡时，经常描述为"酸质突出、轻盈活泼"，这其中明亮活泼的果酸对于轻盈的质感是起到了很大加持作用的。

其次，触感也可能会影响我们对于味道的感受。质地醇厚的咖啡有时会略微提高味觉阈值，削弱我们对其酸甜咸苦的感受强度。最为明显的例子便是，使用某款深烘焙的咖啡豆制作美式黑咖啡往往就不如手冲黑咖啡那般苦味强烈。这是因为美式黑咖啡的基底为加压萃取的意式浓缩咖啡，丰富的油脂和其他不溶于水的物质大量存在，使得香气丰沛、口感醇厚的同时，也会些许阻碍呈味物质的溶解扩散速度，而滤纸手冲出来的滴滤式黑咖啡如果萃取率相当，则味觉感受上会更苦一些。

再者，气味也可能会稍许影响我们对于口感质地的感受。一些科学研究发现，我们在品尝咖啡之时（尤其是大力啜吸时），强烈的鼻后嗅觉让我们第一时间就有了一些感受，并会产生一些预期联想，而我们实际感受到的口感质地就因此被修正、削弱或放大。2020年新型冠状病毒肺炎疫情爆发以后，为了最大限度避免人群之间的交叉感染，咖啡杯测的方式做了大幅调整。原本大家都用杯测匙从杯测碗中舀取咖啡液啜吸品尝，现如今变成了大家使用公用的杯测匙，先将咖啡液舀取到自己的样品品尝杯中，再进行独自品尝。这番改动下来，那些仰仗强力啜吸形成鼻后嗅觉感受的咖啡品鉴师明显不适应，纷纷表示鼻后嗅觉的减弱不仅会影响香气、风味等评分项，还会直接影响醇厚度（即口感）一项的评价。那么怎么办呢？聪明的咖啡品鉴师很快想到了应对之策：一左一右手持两把杯测匙，一把用来舀取咖啡液到另一把杯测匙中，另一把则接触嘴唇用来啜吸。这样做既不会造成交叉传染的风险，还能够最大化保证鼻后嗅觉的强烈，让真实的触觉感受也回来了。

5.4 咖啡中的涩究竟是味觉还是触觉？

未熟成的红葡萄酒、绿皮硬实的香蕉、欠熟的柿子、浓酽的茶水以及某些质感不佳的咖啡……涩感在我们的生活中并不少见。过去人们一度将涩感（Astringency）认为是一种味道，但现如今则一般认为，涩感的出现是口腔上皮细胞的蛋白质黏结在一起，造成黏膜收缩，产生张力进而带来的一种触觉感受。因此我们说，咖啡风味中的涩感不是味道而是一种收敛性的感受，我们需要将其放在咖啡触感中加以讨论，再也不要傻傻地将"酸甜苦辣""酸甜苦涩"一概视作食物的味道。

虽然科学家认为涩感物质往往具有抗菌、抗癌、抗氧化、保护神经等作用，但是在感官体验上，这种与唾液蛋白质之间反应形成的或干燥，或粗糙，或褶皱，或收敛的感觉，却令人不愉悦。绿原酸及其烘焙受热分解产生的奎宁酸等是咖啡涩感的主要来源。好咖啡中的糖分含量较高，能够有效综合涩感。劣质咖啡中由于奎宁酸、酒石酸和咸味化合物成分较多，而糖分较少，涩感很容易暴露出来。更加糟糕的是，涩感的呈现又会加强苦味，降低甜度，让咖啡的负面感受大幅呈现，简直糟糕透顶。

一旦咖啡生豆烘焙成熟豆，一切便已注定。除了在"研磨-萃取"环节小心翼翼，尽可能避免萃取过度带来的涩感外，咖啡师对此并无更多办法。但所幸人们找到了在保持食物中现有对人体有益的涩感物质（去除涩感物质不易也是原因之一）的同时，又能降低涩感的方法。比如在黑咖啡或茶中加入牛奶，就是由于牛奶中的蛋白质与单宁酸等多酚类化合物产生氢键作用，从而降低了涩感。咖啡中加入蔗糖也能适当降低涩感，这是由于蔗糖可以使唾液量增加，以及蔗糖本身的润滑作用造成的。

5.5 咖啡杯测中的触感评价是什么意思？

咖啡杯测是最为重要的咖啡感官评价手段，纵观SCA、COE（国际咖啡杯测赛）等全世界各种常见杯测表，触感评价一项都位列其中，只是有时标注为"口感（Mouth Feel）"，有时则标注为"Body"，我们常译作体脂感、醇厚度或咖体，但都是用来描述咖啡液给口腔和上腭带来的重量感、压迫感、黏稠感和顺滑感，非常类似于品酒学中提及的酒体（Body）概念，描述语有"厚重""轻盈""柔绵""顺滑""高""中""低"等。

咖啡体脂感是咖啡感官体验中的核心之一，某种程度上支撑起嗅觉与味觉体验，缺少了这个，如同得了软骨症一般。咖啡的滑顺与厚薄口感，主要是优质结合蛋白质、纤维质等不溶于水的微小悬浮物共同形成的胶质体，再加上蔗糖等物质，在口腔所产生的一种奇妙触感。由于咖啡冲泡及过滤材质不同，不同的黑咖啡呈现出的体脂感差异，再结合其他风味感受，让我们的咖啡世界变得异常丰富精彩起来。

比如说使用高压萃取意式浓缩咖啡，由于金属粉碗孔隙较大，将不溶于水的大分子物质一股脑儿带入到了咖啡中，得到了一杯看似混浊不堪、质地浓稠的咖啡浓液，但香气扑鼻，口感醇厚，质地突出，滋味丰富，层层展开，余韵悠长，让人欲罢不能。法压壶冲泡咖啡虽然并不是加压萃取，但同样使用金属滤网过滤，这使得口感上迥然不同。很多咖啡消费者（西方咖啡消费者居多）酷爱这种厚实、复杂的口感，还有一些咖啡消费者则不喜法压壶冲泡后的口感，认为那是一种粗糙感或粉渣感，还需要用滤纸过滤一番。这些都是因人而异，并无对错之分。

 5.6 咖啡杯测中怎样评价触感的高低优劣呢？

我们先来简单看一下葡萄酒品鉴学，咖啡品鉴曾有很多东西是从中学习借鉴的。品酒中将酒液在口腔中的触感称为质感（Texture），用以描述的形容词十分丰富，例如：坚硬如钢铁的（Steely）、脆的（Crispy）、天鹅绒般的（Velvety）、丝绸般的（Silky）、蜡质般的（Waxy）、油脂般的（Creamy）、油一样的（Oily），等等。

我们在做咖啡杯测之时，要细致辨析咖啡液在口腔中的触感，借助舌头搅动让咖啡液在舌面上流滚会对评价有所帮助，重量感（压迫感）、黏稠感和顺滑感会在这个过程中呈现出来。一般来说，"顺滑""柔顺"一定优于"粗糙"，这是咖啡液在舌面（靠近舌尖）流动时阻力小的体现；"厚实""饱满"更可能会获得高分，这是咖啡液在舌面上压迫感更加强烈的体现；但"轻盈"也不代表一定就差，我们还要结合味道、鼻后嗅觉等感受来综合评价，有可能"轻盈顺滑"的触感在此时恰到好处，那么也将获得高分评价。

5.7 咖啡的"Body"（体脂感/醇厚度）受哪些环节或因素影响决定？

一杯咖啡摆到面前，宣告了从咖农开始的一场漫长接力终于"尘埃落定"。但造就呈杯风味的诸多细节、影响深远的各方面因素却是草蛇灰线、伏延悠长，竟然涉及了咖啡的一生，更贯穿了"从种子到杯子"的整个冗长产业链。仅以"Body"（体脂感/醇厚度）来说，我们就有必要把话题扯到咖啡产地去。

树种是一切的起点，也是造成"Body"差异的重要原因之一。阿拉比卡的母种欧基尼奥伊德斯（Eugenioides）就是柔和低酸、质地醇厚、甜度丰沛的咖啡树种，也是这几年精品咖啡世界里冉冉升起的一颗新星，受到高度关注。阿拉比卡的父种罗布斯塔种咖啡也是醇厚浓郁，一般来说口感比阿拉比卡要厚重一些。

如果我们将目光聚焦于阿拉比卡种咖啡大家庭，具体品种再结合产地微环境以及生长周期、成熟度等，也会造成彼此间在"Body"上的巨大差异。通常来说，波旁（Bourbon）就会比铁皮卡（Typica）更加醇厚，而高海拔种植、手工选择性采摘等环节也会提高咖啡品质包括醇厚度。

加工处理环节对于咖啡风味有着举足轻重的影响，一般来说，日晒处理法的咖啡较水洗处理法往往酸质圆润柔和、花果香气突出、醇厚度更佳。这也是很多需要设计高醇厚度的咖啡产品往往会选择日晒或蜜处理咖啡的原因。

如上讨论的这些还只是一个小小的开端。再往后看，不同烘焙程度、不同烘焙曲线以及研磨萃取环节的诸多细节也会极大影响到咖啡的"Body"高低质地，需要咖啡品鉴师通晓咖啡产业全程，并用系统性思维来考量评估。

第 6 章

咖啡风味上篇

风味与风味
物质

6.1 经常听到"风味"这个词，那么什么叫作风味呢？

风味（Flavor）这个概念是于1986年由霍尔（Hall.R.L）提出的，指的是摄入口腔的食物给人的感觉器官，包括味觉、嗅觉、肤觉（包含触觉、痛觉和温觉）等所产生的综合感觉印象，即食物的客观性使人产生的感觉印象的总和。如上这个定义可以看作是关于风味的广义定义，囊括非常广泛。通常语境下我们泛泛而谈一款咖啡的风味如何，基本上就是在讲这款咖啡的总体评价，主观性较强，颇有些"一锤定音""盖棺定论"的意味。

由于风味是一种非常主观的感觉，所以对风味的理解和评价往往会带有强烈的个人、地域、饮食文化或民族的特殊倾向性和习惯性，简单来说就是六个字："抓重点，找特色"。我们不妨举几个中国茶的特色风味例子：武夷山岩茶的地域特色风味叫作"岩韵"，铁观音所特有的品种风味叫作"音韵"，高山茶所特有的那种香气清高细腻、滋味丰韵饱满、回甘厚实等风味总结为"高山韵"，而高档的窖制茉莉花风味称为"鲜灵味"。结合第七版《现代汉语词典》中对于"风味"一词的描述叫作：事物的特色。可见感官特色只是个起点，"风味"一词还能沿用到其他诸多领域，但"特色"二字才是关键。也就有了诸多造词：江南风味、家乡风味、风味小吃等。

另有一个关于风味的狭义定义，对于我们咖啡品鉴师来说更加常见且易于实践：食品的香气、味道和入口后获得的香味，即食品味觉感受与触觉感受的总和。从"总和"二字不难看出，风味是个"综合体"，不仅包含味道，还包含鼻端嗅觉感受到的香气。但这种"总和"又并不是简单粗暴的逐一相加，而是大脑复杂计算后反馈出来的综合感受。怎样能够做到呢？咖啡品鉴时我们常常将鼻前嗅觉感受到的香气撇开来暂时另做考虑，咖啡液温度合适后，端到唇边，啜吸入口，雾化的咖啡液在口腔中弥散开来，不仅最大化覆盖着舌面，还一股脑儿从口腔往鼻腔里跑，这使得鼻后嗅觉与味觉同时产生，大脑便能将二者融为一体，这番"脑补"之后，给出一个最美妙的综合反馈，这，便是我们进行咖啡品鉴时确认的"风味"。

回到我们品鉴师的范畴，开展风味研究时必须找到合适的分类法和切入点。因此，根据风味产生的刺激方式不同，我们可以将风味感受分为化学感觉、物理感觉和心理感觉，分别对应三个不同的研究领域。

我们就以其中最为重要的食品风味化学为例来说，这是食品化学的细分学科之一，是一门研究食品风味组分的化学本质、分析方法、生成及变化途径的学科，主要介绍风味化学的研究领域、食品风味物质的主要研究方法、化学特性与风味强度、风味物质的形成、典型食品风味、调节食品风味的产品、烹饪调制风味的化学原理等，现已是食品科学与工程专业学生的必修科目之一，但凡是食品领域的科研技术人员都需要学习。我们今天在学咖啡烘焙时，经常要讨论咖啡生豆里的各种化学成分，探索烘焙加热过程中的一系列化学反应，讨论最终生成的风味物质成分，推测各种风味形成的机制，防止不良风味的产生，其实这些都属于食品风味化学的范畴。

6.2 食品风味是否能够分类，咖啡属于哪一类呢？

这是一个很有趣的问题。食物风味是有大致分类的，与我们前文章节中讨论的气味分类大体相似，我们可以把食物风味分为如下几个大类。

水果风味是第一类，具体又可以分为柑橘、草莓等多个子类别。

蔬菜风味是第二类，大家自然能够联想到大量的生青绿蔬，不用展开多言。

辛香料风味是第三类，具体又可以分为催泪型、芳香型、辣烧型等几种。大蒜、洋葱等属于催泪型，薄荷、肉桂、茴香、丁香等属于芳香型，辣椒、生姜等则属于辣烧型。

肉制品风味是第四类，具体可以分为海产品、非海产品两大类。

脂肪风味是第五类，玉米胚芽油、橄榄油、花生油等都属于脂肪风味。

臭味是第六类，奶酪等隶属其中。

饮料风味是第七类，具体可以分为发酵型、非发酵型等。软饮料一般属于非发酵型饮料风味。

烹调加工风味是第八类，这个类目很大，具体可以分为肉汤型、菜蔬型、水果型、熏烟风味、烤炸风味、烘焙风味等。

好了，我们来看一下如上八大类别，咖啡应该属于哪一类呢？想要斩钉截铁说明白似乎并不容易。很多读者认为咖啡终究是一杯饮品，咖啡应该属于饮料风味，而且明确隶属于饮料风味中的非发酵型饮料。但是问题来了，大量日晒甚至蜜处理的咖啡有着极为明显的发酵风味，难道不能隶属于发酵型饮料风味吗？不少的读者认为，咖啡应该属于烹调加工风味之中的烘焙风味。但是问题又来了，将咖啡纳入烤炸风味类型又有何不妥呢？还有一些读者认为，浅焙的咖啡，尤其是高品质的浅焙咖啡具备明显的花果香气，水果调性突出，似乎纳入到水果风味中也并不妥。还有一些读者会从奶咖的角度来思考，脂肪风味显然也并无不妥吧……

正是因为咖啡风味的丰富性、复杂性和多样性，我们可以合理地将咖啡纳入到多个类别中，简单的食品风味分类对于咖啡来说显然是无解。事实上，我们前文讲述嗅觉话题时也提过，过往数百年间好多科学家都试图对普天下的气味进行分类，但种种努力最终都宣告失败。因此，试图通过分类学来探索咖啡风味是不可能的！我们有必要引入一个全新的概念：风味物质，从风味物质入手探寻咖啡的奥秘才是正解。我们将在下一个话题中详细讨论。

6.3 一个基本且重要的概念：什么是风味物质？

作为一级学科"食品科学与工程"的核心课程之一，食品化学将食品的化学成分分为天然成分（Natural Compositions）与非天然成分（Unnatural Compositions）两大类，风味物质成分（Flavor Compositions）隶属于天然成分之中，与水分、蛋白质、脂类、矿物质、维生素等并列。

风味物质是食品风味化学中一个非常重要的概念，指的是能够体现食品基本风味的特征化合物或关键化合物，我们能够用一个或几个化合物来代表其特征食品的某种风味。食品的风味往往是大量风味物质相互协同或拮抗而形成的，彼此相互影响，有时哪怕含量微小，效果却十分显著，有时稳定性差，较易被破坏。此外，风味物质还会受到其浓度、介质等外界条件的影响。

研究风味物质并不简单，最主要的原因有两点：第一，食品生成、加工和储存过程中会发生一系列的酶促与非酶促反应，诸如氧化、水解、异构化、非酶褐变、聚合、蛋白质变性等，这些都给食品带来影响，其中也包括风味物质成分变化。例如，咖啡果实成熟时会散发出令人愉悦的香气，这些物质就是长链的不饱和脂肪酸借助植物组织中的脂肪氧合酶来氧化，生成的一系列中等链长的挥发性风味物质。咖啡加工处理过程中因为发酵带来的一系列特色风味也属于酶促反应，而咖啡烘焙带来的海量复杂风味则属于非酶反应范畴。第二，风味物质种类繁多，十分复杂。目前，科学家已经从烘烤土豆的香气中鉴定出了200多种风味物质。而从明显香气更加复杂的咖啡熟豆中发现了上千种风味物质，其中被鉴定出来的超过850种。也有周边朋友出于好奇，效仿咖啡烘焙来烘焙黄豆，然后研磨冲泡，风味较咖啡略显平淡，可见风味物质同样远不如咖啡那般丰富。这是为什么呢？咖啡的特殊性究竟在哪里？

我们知晓，动植物都需要储存能量。尤其是植物种子，从发芽到生出根系使自己能够吸收水分和其他营养物、长出叶子自己能够进行光合作用，中间有一个漫长且艰难的过程，这个过程靠的是种子储存的能量。怎么储存能量呢？三大储能营养物质分别是：糖、蛋白质和脂肪。这三种储能形式各有优劣，一般会兼而有之但侧重性有差异。以糖的形式储能，优点是释放能量迅速，需要的时候糖原可以迅速地水解为葡萄糖，供给能量。大部分植物种子主要以大分子多糖化合物淀粉的形式来存储能量，淀粉分解就会有糖原、麦芽糖，再次分解就成为葡萄糖等单糖分子。小麦、高粱、大米、糯米等都是淀粉含量的种子，一般占比能够达到70%以上。蛋白质与糖类似，藜麦、黄豆、鹰嘴豆等蛋白质含量都很丰富。第三种储能形式脂肪的能量密度远高于糖和蛋白质，每1克糖或蛋白质完全氧化可以放出4千卡能量，而每1克脂肪完全氧化则可以放出9千卡能量。油脂含量最高的是油料作物的种子，如花生、芝麻、向日葵等，花生的油脂含量达40%~50%。

咖啡豆的风味特殊性在于糖、蛋白质和油脂三者俱有且较为丰富，其中糖类化合物中有蔗糖和一些低聚糖，更多的却是大分子高聚糖，几乎不含有淀粉，除此以外更多了很多有机酸，这种成分结构为烘焙加热时的一系列化学反应提供了可能，大分子多糖更是能够持续热解为低聚糖输送反应原料，而油脂的存在更是给溶解存留那些挥发性芳香物质提供了可能性。

6.4 我们该怎样入手系统性地研究咖啡风味呢？

讲到这里，相信你的思路已经逐渐清晰起来。研究咖啡风味，要从两个维度同时入手。

一方面，我们要了解风味物质的成分和组成，即对风味物质进行成分定量或定性分析。具体如何操作呢？

第一步，我们要对风味成分做分离提取，热脱附、固相微萃取法（Solid-Phase Microextraction，SPME）、超声辅助提取法（Ultrasonic-Assisted Extraction，UAE）、同时蒸馏萃取（Simultaneous Distillation Extraction，SDE）等都是目前实验室里做咖啡风味物质成分提取时使用较多的方法。云南咖啡相关科研人员大量实践发现，采用SDE对于咖啡香气成分提取效果较好，对于一些低沸点的疏水性化合物具有很好的提取效率，特别对于一些小分子香气成分的提取较好。该方法主要提取物是醛类、酮类、酯类、醇类以及呋喃、吡嗪、吡啶、吡咯类含氮氧杂环化合物，能够反映云南小粒咖啡中的特征香气。但对于高沸点的水溶性化合物提取效率一般，如咖啡因等因为溶解度小、沸点高，没有蒸馏出。我们就以SDE为例说明，同时蒸馏萃取装置很简单可以自制，我们需要一个圆底三口烧瓶，将研磨好的定量咖啡粉倒入其中，混入定量蒸馏水并加几颗沸石，一端连接到同时蒸馏萃取装置，另一端连接盛有分析纯二氯甲烷试剂的容器，控制好温度水浴加热数小时后，将二氯甲烷试剂容器取下，考虑到收集有机相时难免会带进一些水相，会影响第二步质谱分析的谱图质量，我们往往用无水硫酸钠做一次干燥，再将萃取液浓缩就可以等待第二步分析了。如果如上操作过程顺利，我们能够从咖啡粉中收集到至少数十种截然不用的挥发性风味物质成分。

第二步，我们要对风味成分做定性及定量的仪器分析，光谱法、色谱法与质谱法是三大类常用的仪器分析方法。为了能够最大限度地发挥每类分析仪器的最大优势，将两种或三种仪器进行联用来分析样品是公认的发展趋势。

光谱分析法是利用光谱学的原理和实验方法确定物质的结构和化学成分，包括发射光谱法、吸收光谱法、拉曼散射光谱三大类。例如用红外光谱法分析化合物中键的振动，探明风味物质成分的结构式。光谱法适合做现场实时输出结果的快速无损检测，擅长定性鉴定、确定样品中主要基团、确定物质类别等。若将光谱法用于定量分析要建立在相对比较的基础上，必须有一套标准样品作为基准来做化学分析建模，而且要求标准样品的组成和结构状态应与被分析的样品基本一致，这种局限性使得小批量样品检测并不适用。

色谱法（Chromatography）又叫作层析法，利用不同物质在不同相态的选择性分配，混合物中不同的物质会以不同的速度沿固定相移动，最终实现目的的一种分离和分析方法。现有国标饮料中咖啡因检测就是使用液相色谱法。色谱法最主要特点是适于多组分复杂混合物分离分析，适用范围广，灵敏度比分子光谱法强，但不如后面将要介绍的质谱法，定量分析能力强，定性分析能力差，色谱仪价格也远比分子光谱仪、质谱仪便宜，一台气相色谱仪价格与双头半自动商用咖啡机相仿。

质谱法（Mass Spectrometry，MS）利用了电磁学原理，这类设备用高能电子流等轰击样品分子，样品分子失去电子变为带正电荷的离子（即待测物质离子化），并按质荷比（m/z）大小对生成的离子进行分离、检测和记录，根据所得到的质谱图进行定性、定量及结构分析的方法，由于化合物有着像指纹一样的独特质谱，在众多的分析测试方法中，质谱学方法被认为具有普适性，在一次分析中可提供丰富的结构信息，是一种同时具备高特异性和高灵敏度且得到了广泛应用的方法。在有机化学分析中分析微量杂质、测量生物大分子分子量等都是质谱法的拿手强项。

从1912年世界上第一台质谱仪问世至今，经历了逾百年发展历程的质谱法具有灵敏度高、时效性强、信息量大、定性与定量兼备等巨大优点，将分离技术与质谱法相结合是分离科学方法中的一项突破性进展，这导致质谱仪在实验室里十分常见。一般在实验中，我们会将气相色谱、液相色谱等作为质谱仪的"进样器"，与有机质谱仪联合使用：首先利用具有分离技术的仪器将有机混合物分离成纯组分再进入质谱仪，充分发挥质谱仪的分析特长，为每个组分提供分子量和分子结构信息。我们还是紧承第一步中用SDE提取咖啡粉中挥发性风味物质成分的案例，制备好的浓缩液通过真空旋转蒸发仪，进入气相色谱–质谱联用仪（气质联用仪）做GC-MS分析，其间控制好气相色谱条件和质谱条件，最后与标准谱图对照分析即可得到结果。

另一方面，我们要通过感官评估的方式进行分析，结合风味物质成分结构图，锁定体现基本风味的特征化合物或关键化合物并通过感官加以识别确定，咖啡杯测等是惯常使用的感官评估手段。作为一名咖啡品鉴师，风味物质的成分和组成还可以向实验室研究人员求助，寻求技术帮助，但感官评估是核心关键，也是我们的主战场，这一环节主观性与客观性兼有，无法假手于人，我们需要对消费者负责，生成面向终端消费者的、生动好理解的风味描述文本，让大家感同身受，提升消费体验。也正是因为本着"对消费者负责"的基本宗旨，咖啡品鉴师才能服务于生产环节，指导产品研发。

很明显的是，如上两个方面是研究咖啡风味的两条路径，但彼此之间相辅相成，缺一不可，不可偏废（图6-1）。但现如今看到的实际局面却是两者彼此独立，关联度极低，拥有能力对咖啡产品做风味物质成分分析的咖啡研究者们不懂咖啡消费市场，不接触终端顾客，甚至还谈不上会喝咖啡，更不知道如何创造咖啡价值；而日复一日与咖啡亲密相伴的一线从业者则缺少对于咖啡的深层次认知，缺少体系化的技术支持，只能凭借主观经验去操作，导致停留在低溢价层面难以迅速突破。

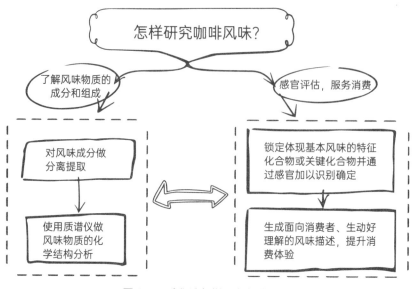

图 6-1　我们该怎样研究咖啡风味

6.5 怎样通过气质联用仪来做咖啡风味物质研究分析？

这个话题可以看作是上一个话题的扩展，咖啡品鉴师有必要了解在实验室里怎样去做咖啡风味物质成分的定性及定量分析。

1906年，英国科学家汤姆森（Tomson）发现带电荷的离子在电磁场中的运动轨迹与其质荷比有关，不同的物质有着如同人类指纹一样的独特迥异的质谱，就此奠定了质谱仪的技术原理，并于1912年制造出了世界上第一台质谱仪。20世纪50年代，用于有机物分析的高分辨率质谱仪问世，20世纪50～60年代气质联用仪便研制成功，这也就是今天实验室里普遍使用的气相色谱质谱联用平台的前身。气质联用仪是指将气相色谱仪作为质谱仪的"进样器"，和质谱仪联合起来使用的组合仪器。我们根据前文讲解可知，色谱法对有机化合物是一种有效的复杂有机化合物分离分析方法，特别适合于进行有机化合物的定量分析，但定性分析则比较困难，质谱法则可以进行有效的定性分析，但对复杂有机化合物的分析就显得能力不足，因此这两者有效结合必将为我们研究提供一个进行复杂有机化合物高效的定性及定量分析工具，称之为联用技术。

进样系统、离子源、质量分析器和检测器合在一起构成了一套质谱仪的结构，其中离子源、质量分析器和检测器需要在真空环境中。除了间歇式进样和探针式直接进样外，联用进样更为常见，是利用与质谱仪联机的GC（气相色谱）、LC（液相色谱）、CE（毛细管电泳）等将样品分离后，再通过联机接口进入质谱仪的离子源中。

过往分析检测饮品中的咖啡因含量主要使用碘量法（一种氧化还原滴定法）、HPLC法（高效液相色谱法）、近红外光谱分析法、毛细管电泳法等。以HPLC法为例，我们使用高压泵，可以连续将贮液器中的流动相按照一定流速及比例通过进样器流过色谱柱，由于样品混合物中各组分性质不同，在色谱柱内的移动速度不同而逐渐被分离。通过检测器检测，把被分离组分的电信号放大，记录仪将放大的电信号以图形形式记录下来，即得到组分的色谱峰。由于不同物质在相同色谱条件洗脱会有不同的保留时间，故保留时间可作为定性分析依据；而色谱峰的面积与物质的浓度成正比，其中的定量关系需通过外标法来确定，可作为定量分析的依据——测算咖啡因峰面积并应用标准曲线方程可以计算出咖啡因浓度。现如今近几年则液相色谱−质谱联动法（LC-MS）和气相色谱−质谱联动法（GC-MS）使用得越来越多，两者日渐成为最重要的分析技术手段。

6.6　咖啡中有哪些重要的风味物质？

大约20世纪60年代，人们开始系统性研究咖啡风味物质。到了20世纪70年代，咖啡生豆中前驱风味物质（风味前体）与咖啡最终呈杯风味物质（尤其是咖啡香气成分）之间相关性的研究就陆续问世，到了今天，这方面的研究积累已经较为成熟且深厚，我们能够站在无数前人研究成果的基础上做咖啡品鉴，享受美好的咖啡，实在是幸福至极。

探讨这个话题，涉及稍许有机化学的基础知识，我们尝试着概括出几大知识点，便于后文讲述。

排除二氧化碳、一氧化碳等及其衍生物的含碳化合物统称有机化合物，又将由碳和氢两种元素组成的最简单的有机化合物叫作烃，其他各类有机化合物都可看成是烃的衍生物。按照碳的骨架排列，有机化合物可以分作链状和环状。如果构成环的原子除碳原子外还至少含有一个杂原子，就属于杂环化合物，是数目最庞大的一类有机化合物。根据化合物是否具有芳香性分为脂肪族与芳香族，通常芳香族化合物就是指含有苯环的化合物。

让我们回到烃的概念。链状烃都是脂肪烃，环状烃分为脂烃与芳香烃（简称芳烃）。烃中的氢原子被其他原子或者原子团所取代而生成的一系列有机化合物都叫作烃的衍生物，其中取代氢原子的其他原子或原子团使烃的衍生物具有不同于相应烃的特殊性质，被称为官能团。学习咖啡风味物质成分时经常看到的一堆诸如醇、酚、醚、醛、酮、羧酸、酯、胺等其实都是烃的含氧衍生物，那些不同的官能团决定了化合物的特殊性质以及呈杯风味感受。举个例子，醇与酚的官能团都是羟基（-OH），不过前者是连接在链状化合物或脂环化合物上，如乙醇。而后者则是连接在芳香环化合物上，如苯酚。

让我们回到芳烃与芳香性的概念。芳烃的发现最早是从某些物质中提取的有芳香气味的化合物，但概念诞生后一路研究发展至今，芳香族化合物族早已超出了早先的定义——有芳香气味的芳烃固然有，但有臭味的芳烃也很多，没有任何气味的芳烃也比比皆是。因此我们更多是从结构及性质的角度来定义：芳香族化合物虽然不饱和度高，但结构上符合休克尔规则、具有特殊稳定性及化学性质，我们把这种特殊性称作"芳香性"。判定化合物是否具备芳香性以及研究芳香性的强弱是有机化学中很重要的知识。一般来说，芳香族化合物的偶极矩与环张力越小稳定性越高，芳香性越强。

作为咖啡果实成熟后的种子，咖啡生豆主要包含六大类物质：糖类化合物、酸类化合物、蛋白质、生物碱、油脂和微量矿物质。其中，糖类化合物主要包括蔗糖（双糖）与构成细胞壁的大分子多糖。酸类化合物多为有机酸，另有极少数无机酸磷酸。有机酸中以绿原酸这种酚酸为最多，另有柠檬酸、苹果酸等。至于生物碱，主要是咖啡因与葫芦巴碱。咖啡因介绍得比较多，但其实葫芦巴碱（Trigonelline）是一种吡啶衍生物，也很重要，它们在咖啡烘焙过程中能极大促进芳香化合物的形成，如N-甲基吡啶（NMP）就是咖啡烘焙过程中葫芦巴碱的热降解产物。近年来关于咖啡健康性的科研成果越来越多，葫芦巴碱大有成为不逊色于咖啡因的又一咖啡明星成分的潜质。因为树种、种植环境以及加工处理工艺等不同，如上成分占比略有差异，但大体接近。咖啡烘焙受热过程中会经历美拉德（Maillard）、史崔克降解（Strecker Degradation）、焦糖化（Caramelization）等一系列复杂的化学反应，最终形成呈杯风味。前文中我们已经讲过了咖啡中的味道从何而来，在此不做赘述。咖啡中的香气则复杂得多，包括醛类、酮类、酚类、酯类、羧酸类、呋喃类、吡咯类、噻吩类、吡嗪类、噻唑类、烯烃类、烷烃类等挥发性成分，有了上文我们对于有机化学基本概念的梳理，大体分为如下几大类。

第一，一系列具备芳香性的杂环化合物在咖啡的总挥发性成分中占比最高，有时占到一半甚至更多，主要有吡嗪类化合物、呋喃类化合物、吡咯类化合物等。吡嗪类化合物属于六元杂环，是咖啡中非常典型且重要的一类挥发性化合物，主要呈现出坚果、烧烤、烘烤、烤肉、泥土、焦香等类型香气，通常包括：2-乙基-3,5-二甲基吡嗪、2-乙烯基-3,5-二甲基吡嗪、2,3-二乙基-5-甲基吡嗪、2-乙烯基-3-乙基-5-甲基吡嗪和2-甲氧基-3-异丁基吡嗪等。呋喃类化合物属于五元杂环化合物，主要呈现出果香、甜香、坚果香、焦香等类型香气，其中咖啡中的呋喃酮类化合物与辛辣味有关，例如：3-羟基-4,5-二甲基-2（5H）-呋喃酮和3-羟基-4-甲基-5-乙基-2（5H）-呋喃酮。吡咯类化合物也是五元杂环，主要呈现出烘烤、坚果等类型香气。很多浸泡式咖啡萃取实验发现，拉长时间会让更多大分子杂环化合物萃取出来，造成香气成分与感官呈现上的较大差异。

第二，醛、酮类化合物。醛与酮都是羰基化合物，我们将其放在一起讨论。醛酮类化合物与咖啡呈杯风味中的焦糖及烘烤类型甜香密切相关。醛类化合物在咖啡中占比很高，主要呈现出巧克力、香草、香甜、水果酸甜等特征香气。酮类化合物占比不多，主要呈现出坚果、焦糖甜香、烘焙食品（如烘烤饼干）等类型香气。咖啡中存在适当浓度的吡喃酮、呋喃酮、环酮等往往能够呈现出迷人的焦糖香。

第三，酚类化合物。酚类化合物与咖啡呈杯风味中的木质香、药草、烟熏香等密切相关，通常包括：愈创木酚、4-乙基愈创木酚、4-乙烯基愈创木酚等。

第四，醇类化合物。醇类化合物与咖啡呈杯风味中的花香、发酵水果香等类型香气关系密切。咖啡中存在恰当浓度的香叶醇、苯乙醇、松油醇等往往能够呈现出愉悦的花香。

第五，酯类化合物。酯类化合物与咖啡呈杯风味中的花香、果香、香草、坚果等类型香气关系密切。水果类型香气的主要成分是有机酸酯类、醛类、萜类化合物、醇类、酮类和一些挥发性的弱有机酸等，咖啡中往往因为它们的存在而果香迷人。

第六，酸类化合物。以羧酸化合物为主的酸类化合物与咖啡呈杯风味中的水果酸香、发酵酸香等关系密切。

第七，含硫化合物。咖啡中的含硫化合物通常能够带来焙炒气味。咖啡中如果微有些许硫醚、硫醇等含硫化合物，那么可以极大增加风味复杂性、层次感，但是如果此类化合物浓度过高，则显得辛辣刺鼻，变成了负面的特征。

6.7 咖啡生豆中蔗糖含量高意味着风味上会有哪些特点？

其实这个话题的答案早已隐含在了全书的前后文中，科学合理地追求更高蔗糖含量贯穿在整个咖啡产业价值链全程。

如果生豆中蔗糖含量高，某种程度上也是呈杯风味品质出色的重要表征。

首先，蔗糖含量高是咖啡果实成熟度高、生长环境条件好、风味物质积累充分的重要标志。而在很多时候，生长环境条件好则意味着绿原酸、咖啡因等前驱风味物质积累偏少（绿原酸含量经常与咖啡因正相关），而往往偏负面评价的苦、涩等风味较少。

其次，咖啡生豆的蔗糖以及一些分子量较小的低聚糖会参与最为重要的美拉德反应中，增加咖啡的甘甜、香气、苦味和醇厚度。当然，一爆之后逐渐开启的焦糖化反应会直接消耗糖，让甜味下降的同时，香气增加、苦味提升。

再者，蔗糖在烘焙受热过程中还会分解生成醋酸、乳酸、甲酸、乙醇酸等，而这些酸普遍都有挥发性且不耐高温，会在烘焙程度加深的过程中分解掉。这是咖啡豆烘焙到一爆密集时尾端会有一个酸味大幅提升的主要原因。由此可见这些也都是蔗糖的功效，哪怕是葡萄糖、果糖等单糖也无此能力。

由此我们经常说，蔗糖可以看作是咖啡的"全能型前驱风味物质"，能够给咖啡呈杯风味带来酸、香、甜、苦、醇厚度、平衡感和余韵等，简直是神奇无比。

6.8 咖啡因给咖啡呈杯风味带来的是什么？

生物碱是植物中广泛存在的一类含氮代谢物，所有生物碱都有一个相似的氮基结构，植物用此进行排列组合构成了2万多种不同形式的化合物用于制造化学防御武器，抵抗各种病虫害天敌，咖啡因（Caffeine）正是其中极为强悍的一种。咖啡因目前在咖啡树、茶树、可可树、马黛茶（巴拉圭冬青）、可乐果树、瓜拿纳树等超过60种植物的叶片、果实或种子中都能找到，自然界中最主要的咖啡因来源正是咖啡树的种子——咖啡豆，这也是将此生物碱化合物命名为咖啡因的主要原因。

咖啡因通常呈现为白色粉末或六角棱柱结晶，可溶于水，有苦味，而且这种苦味带有某种程度上的呈味后延性与持久性，于是能够更多参与到"余韵"的构建中。对于咖啡烘焙师来说，长时间烘焙实操后有时会在排烟管道上看到微有些许白色结晶，这便是咖啡因。咖啡因是咖啡呈杯风味中苦味的来源之一，但由于在滤泡式咖啡中浓度很低，并不是其致苦的主要因素，绿原酸以及分解生成物才是最大"苦主"。但有意思的是，咖啡生豆中绿原酸含量往往与咖啡因含量正相关。因此，罗布斯塔种咖啡豆中往往不仅含有占比更高的绿原酸，还有占比更多的咖啡因，自然不受第三波咖啡浪潮下追求花果酸香甜的消费者所喜。

此外，咖啡因熔点高达237℃，通常不会在烘焙过程中损耗，不管咖啡豆烘焙程度如何改变，咖啡因含量大体维持不变（烘焙后总量稍有减少）。而我们都知道，烘焙过程中咖啡豆是要减重的，这导致分子保持不变而分母减小，此消彼长下，深焙咖啡豆往往咖啡因含量不仅不下降，反而可能略有上涨。

6.9 能否介绍一下第一阶段的中国咖啡消费风味调查白皮书？

2022年5月初，由笔者参与发起的GCEF（咖啡产业精英论坛）中国咖啡消费风味调查白皮书（第一阶段）对外公开发布，一时间数十名咖啡行业资深专家主动参与到白皮书的解读环节，成为2022年夏初中国咖啡圈的一道亮丽风景。

回顾2019年6月，中国咖啡消费风味调查项目启动。截至2022年3月31日，共计有效收集整理了12396位活动参与者的填报信息，其中线上渠道共计9934人，占80.14%，线下渠道2462人，均独立填写统一印刷的纸质调查问卷，占19.86%。之所以将这一阶段确定为第一阶段，是因为2020年以来严峻的新冠疫情防控形势，过半线下活动均无法正常开展，原本计划"有效涵盖10万中国咖啡消费者"的初设目标暂未实现，大部分调查项目和调查维度还来不及展开，因此只能作为第一阶段成果给予公开分享。但尽管如此，这份白皮书依然是迄今为止中国规模最大、参与人数最多、涉及群体最全、覆盖地域最广的咖啡消费风味调查。

在12396位调查活动参与者中，女性占63%，男性占37%。咖啡从业者占到43.05%，咖啡爱好者占56.95%。而咖啡爱好者主要来自如下十大行业（职业）领域：广告/市场/媒体、餐饮/旅游/酒店、设计、学生、教师、公务员、工程师、金融、医生、贸易。

略去白皮书中与本话题无甚相关的信息，几个咖啡消费者自主填写并汇总统计生成的高频风味关键词云图无疑是亮点，更值得广大咖啡品鉴师认真学习：中国咖啡消费者（全体）最高频使用的风味关键词云图（文前彩图6-1）、中国咖啡爱好者最高频使用的风味关键词云图（文前彩图6-2）、中国咖啡从业者最高频使用的风味关键词云图（文前彩图6-3）、中国咖啡消费者（全体）评价水洗咖啡时最高频使用的风味关键词云图（文前彩图6-4）、中国咖啡消费者（全体）评价非水洗咖啡时最高频使用的风味关键词云图（文前彩图6-5）、中国咖啡消费者（全体）评价云南精品咖啡时最高频使用的风味关键词云图（文前彩图6-6）、中国咖啡消费者（全体）评价埃塞俄比亚精品咖啡时最高频使用的风味关键词云图（文前彩图6-7）等。

作为一项大型公益项目，后续本项调查还将继续，我们希望能够从性别、年龄段、从事职业、分布地域、消费渠道等维度对客群客层进行精细划分，结合咖啡的不同产国、产地、树种、处理法、烘焙程度等，详细调研咖啡消费风味偏好、浓度与萃取率喜好，以及这些因素的变迁轨迹及背后原因。给广大咖啡馆门店、咖啡烘焙工厂、生豆商、烘焙师、品鉴师、咖啡师、产品研发、电商卖家等提供赋能。

第 7 章

咖啡风味中篇

从树种到生豆

7.1 阿拉比卡与罗布斯塔究竟有哪些风味差异?

1753年,阿拉比卡种咖啡树由瑞典博物学家卡尔·冯·林奈确定为咖啡原生种并命名,发展至今已成为咖啡几大原生种中最受关注、种植面积最广、总产量最大的一脉。虽然生长在热带地区,但阿拉比卡更喜欢海拔800米以上的凉爽山地,拥有较低的咖啡因含量、出众的风味、迷人的香气和明媚的果酸,但遗传基因上的先天不足导致其生命力较弱、抵御病虫害能力不强、种植管理成本也相应较高。由于具有巨大的商业价值,人们为其投入了巨大心血,其种植面积全球最广,总产量也相应最大。

1895年,与阿拉比卡齐名的另一大咖啡原生种、阿拉比卡咖啡的父系罗布斯塔种咖啡正式被确认,这种学名叫作甘佛拉种(Coffea Canephora)的原生种单株产量、病虫害防御能力等都优于阿拉比卡,很快就获得了咖农的青睐,顺利打开了欧洲市场。罗布斯塔对于炎热和潮湿的接受度都优于阿拉比卡,海拔800米以下的较低海拔地区成了罗布斯塔的乐园。罗布斯塔拥有更强的生命力、更好的抗病虫害能力、种植管理成本低、浸出率高、体脂感厚实、油脂丰厚等优点,无奈在风味、酸质和香气上却略逊一筹,苦味较重,杂味较多,咖啡因含量约为同量阿拉比卡种的2倍,因此并不受大多数咖啡消费者认可。

高等生物体的遗传物质的载体主要是染色体,多倍体化(全基因组加倍)在自然界中广泛分布,尤其是许多植物进化和多样性形成的重要驱动力。阿拉比卡种咖啡便属于四倍体,这使其拥有宽广而多变的潜在风味可能,不同的自然条件下、不同的种植管理下,都能展现出与之对应且截然不同的特色风味。阿拉比卡香气丰富,口感清新,风味优雅而多变,并富含迷人的水果酸香。较浅烘焙时能够呈现出更多花果香,当烘焙度加深时则是坚果、焦糖、奶油、巧克力等甜香。与之相对应,罗布斯塔种咖啡之间的差异性就没那么大,比较缺乏个性特色。罗布斯塔烘焙由浅入深的过程中,香气通常介于大麦茶、芝麻香油、烘烤谷物、橡胶轮胎之间,不易展现令人欢喜的细致风味,相比阿拉比卡显得更加低酸、苦重、醇厚。因此,罗布斯塔主要适用于速溶咖啡、罐装咖啡和某些意式咖啡拼配豆中。

7.2　阿拉比卡一定就比罗布斯塔高级好喝吗？

　　单纯用阿拉比卡或罗布斯塔来评判高低优劣是不合适的，且不说好喝与否涉及个人口味偏好，哪有确切的正确答案，单就品质优劣而言也需要讲究科学、针对性分析。阿拉比卡种咖啡的世界里也充斥着难喝的低端商业豆，罗布斯塔种咖啡的世界里也有越来越多的精品出现。最近几年我已经喝到了好多款甜味充沛、香气迷人的精品罗豆（罗布斯塔豆），相信未来还将越来越多。

　　一系列内部因素和外部因素共同决定了咖啡的呈杯风味好坏，我们有时也将内外部因素简单概括为"树种 × 风土 × 处理法"，这是一种非常重要的思维认知框架：好咖啡是"从种子到杯子"全产业链一直保持较高水准且环环相扣的最终产物，而坏咖啡则是某个或某些环节有所缺失的结果，过分强调、抬高、轻视或贬低某个树种都是误区。

　　首先单论树种。小到异花授粉，大到气候适应性、病虫害抵抗力、全球化可持续性咖啡生产等诸多方面，罗布斯塔种咖啡都具有比较明显的优势。挖掘罗布斯塔的种植潜力和风味潜力一直都是咖啡行业的重要突破方向。由于气候等诸多因素，巴西一些咖农正在改种罗布斯塔咖啡树，同时罗布斯塔的气候适应性使其成为与阿拉比卡杂交的有力候选者。事实上，"Q Robusta"等诸多计划之下，风味丝毫不逊色的精品罗布斯塔和身强体壮且风味出色的杂交后代正在陆续出现。WCR更在积极利用阿拉比卡的亲本（包括罗布斯塔在内）培育新一代超级阿拉比卡——风味与体质俱佳。

　　其次大量研究发现，咖啡饮品中的酸度、果香、风味与低气温环境密切相关，而高气温环境下会增加醇类物质的积累，海拔高度和平均气温也对咖啡质量影响十分显著。人们发现与阿拉比卡咖啡一样，罗布斯塔的品质同样与海拔高度以及其他地域因素有关，例如种植于乌干达高海拔地区的罗布斯塔出现了榛子、牛奶巧克力、焦糖、花生酱等的独特风味，其中甚至一个样本出现了柑橘类水果和柠檬草的风味。最近十几年间，云南咖啡产地越来越多的科研实践也已证明，纵使同为阿拉比卡之下的单一品种，不同的地区环境、种植模式、气候条件、海拔高度等也会导致咖啡风味成分显著不同，也会对咖啡香气影响较大，更遑论不同的树种进行横向比较。我们单说海拔高度一项对咖啡的影响大体就有这么几点：咖啡豆千粒重与海拔呈显著正相关，总糖含量与海拔呈显著正相关，咖啡因含量与海拔呈极显著负相关，粗脂肪含量与海拔呈显著负相关。

7.3 欧基尼奥伊德斯种咖啡属于什么风味？

能够提及欧基尼奥伊德斯种咖啡（Coffea Eugenioides，C. eugenioides）的读者，要么是咖啡从业者，要么也一定是资深咖啡发烧友。大约2015年，欧基尼奥伊德斯种开始在海外咖啡小圈子里受到关注，2019年左右国内也开始能够喝到少许，但依旧杯水车薪，离门店大量上架、普通大众开启品尝模式还远着呢。

1万至2万年前，在非洲埃塞俄比亚西南及周边地区的广袤原始山林里，欧基尼奥伊德斯种咖啡与另一个咖啡物种罗布斯塔（大名甘佛拉或卡尼佛拉，Coffea Canephora），发生了极为偶然的自然杂交，并孕育出了今天统治全球咖啡馆吧台、办公室茶水间、家庭餐桌的阿拉比卡种咖啡。因此，欧基尼奥伊德斯与罗布斯塔堪称阿拉比卡的父母一代。

作为阿拉比卡的亲本，一般认为欧基尼奥伊德斯原产于非洲东部如卢旺达、坦桑尼亚、乌干达、肯尼亚和刚果等地，但今天在非洲罕有种植，爆红于近年来的哥伦比亚，种植海拔在1900~2000米。目前我们只能看到中南美洲少数庄园极为有限的种植信息，并由一批活跃在世界咖啡竞技赛场上的冠军咖啡师加以背书。从统计的2021年WBC（世界咖啡师大赛）决赛用豆信息来看，欧基尼奥伊德斯的风头已经完全盖过了瑰夏，这是一个非常重要的信号。而在中国国内，截至目前我仅喝到不超过10次欧基尼奥伊德斯，系统性归纳总结该咖啡物种风味还有待未来加倍努力。综合各方信息来看，欧基尼奥伊德斯植株比阿拉比卡更加矮小，叶片与果实偏小，种植难度较大，产量比阿拉比卡更低，咖啡因含量较低，酸质更加柔和圆润（倾向于柔和持久的苹果酸），甜感非常突出（被描述为不可思议的甜味），茶感丰富且迷人，醇厚度不错，拥有与阿拉比卡、罗布斯塔等截然不同的风味体系。综合哥伦比亚、美国、丹麦、瑞典等国咖啡品鉴师的综合描述，再结合我的风味感受，如下风味关键词值得关注：棉花糖、玄米茶、甜麦片、爆米花、甜茶、奶油糖、波罗蜜、葡萄干谷物牛奶、紫薯冰激凌、糖水荔枝等。

7.4 咖啡树种与风味之间有哪些关联？

我们在前文提到了，咖啡呈杯风味的一系列内因和外因可以概况为"树种×风土×处理法"，树种只是其中一部分，却也是重点的起点。研究咖啡树品种（尤其是阿拉比卡相关品种）需要恰到好处的分类法，依靠庞杂的"品种家族谱系图"显然并非上策。我建议咖啡品鉴师们不妨分为以下五个类别。

第一，铁皮卡以及自然突变品种，如马拉戈日佩（Maragogipe）等。

第二，波旁以及自然突变品种，如卡杜拉（Caturra）、薇拉莎奇（Villa Sarchi）等。

第三，人工杂交培育的抗叶锈病品种，如卡蒂姆（Catimor）、萨奇摩（Sarchimor）等。

第四，人工杂交培育的好风味高产能品种，如帕卡玛拉（Pacamara）、波旁美荷菈朵（Bourbon Mejorado）、西德拉（Sidra）等。

第五，源自埃塞俄比亚当地自然条件下的野生咖啡树种，如瑰夏（Geisha）、乌什乌什（Wush Wush）等。

限于篇幅，我们不可能逐类展开详加讨论，因此不妨以阿拉比卡的故乡——埃塞俄比亚的野生咖啡树种为例来展开论述。

非洲东北部埃塞俄比亚及周边是阿拉比卡的"龙兴之地"，不管是铁皮卡、波旁、也门等"血统纯正"的品种，还是大名鼎鼎的"贵族"瑰夏都是从这里走出来的，至今在埃塞俄比亚的原始山林中，还隐藏着大量不为人知的野生咖啡树种，有人保守估计在一万种以上，保不齐还将有媲美瑰夏的存在随时惊艳全世界。你是否曾经在埃塞俄比亚咖啡豆的包装上看到英文单词"Heirloom"？"Heirloom"中文译作"传家宝"，是对埃塞俄比亚咖啡当地自然条件下就有生长且已存在了很长时间的原生种的统称，我们一般叫作埃塞俄比亚原生种。1967年，埃塞俄比亚吉玛农业研究中心（JARC，Jimma Agricultural Research Center）成立，随后才开始全国范围内咖啡基因库的创建，74110、74165、Wush Wush、Yachi、Dessu等一大堆树种的命名及出现都是吉玛农业研究中心的成果，而想要彻底解开"Heirloom"的面纱还有很长的路要走。

让我们将时光拨回到20世纪30年代，1931～1936年，欧美科研人员在埃塞俄比亚西南部班其玛吉（Bench Maji）地区收集具有良好叶锈病（CLR）抵抗力的野生咖啡树种，并运往肯尼亚咖啡研究中心，后来辗转乌干达、坦桑尼亚等地，最后才落户巴拿马，而我们要介绍的主角瑰夏便恰好搭上了这趟旅程。在过往数百年的漫长过程里，与种植环境的匹配度、极端气候的适应性、病虫害抵抗力以及产量才是人们优选咖啡树种的评价标准，这缘自人们把咖啡当作大宗农产品看待。直到数十年前精品咖啡运动崛起后，人们才逐渐由重视"产量"和"抗性"转而开始关注"风味"。瑰夏之所以能在2004年巴拿马最佳咖啡（BOP，Best Of Panama）拍卖竞赛上大放异彩，便与精品咖啡运动兴起、人们开始关注呈杯风味密切相关。

我们来看一下瑰夏的风味。作为埃塞俄比亚的野生树种之一，也被称为"艺伎"，英语写作"Geisha"或"Gesha"。瑰夏天然继承了埃塞俄比亚咖啡豆的特色风味：活泼丰沛的酸质与柑橘风味，在此基础上，佛手柑、甜橙、柠檬茶、水蜜桃等特色风味与愈发明出色的花香相辅相成，更有伯爵红茶的余韵让其显得出挑不少。但需要关注的是，关注树种不是要把我们带入"唯品种论""唯血统论"的泥淖，不太好喝的瑰夏也比比皆是，市场上令人遗憾的瑰夏比好喝的瑰夏更常见才合理。很多树种在埃塞俄比亚不同地区间种植的风味差异也非常之大，更遑论种植到其他国家地区？树种仅是一个风味的起点，而一系列的内外因素共同作用才是真正开启风味的钥匙。

好了，以后我们如果看到如下这般论述：莓果风味突出的SL28/SL34，风味均衡、酸质柔和的马拉戈日佩，酸质独特且口感丰富的帕卡玛拉……既要充满期待又要足够质疑，必须感官评估确定后才能下定论。

7.5 田间管理环节也会影响咖啡风味吗？

答案是肯定的。田间管理指的是从出棚定植到采摘的整个栽培过程所进行的各种管理措施的总称，是一切为咖啡生长发育和挂果创造良好条件的劳动过程。如间苗、除草、培土追肥、种植遮阴树（荫蔽栽培）、整枝剪枝、灌溉排水、防霜防冻、防治病虫害等都应属于田间管理的范畴。就此我访谈过各国多位咖农，大家完全一致的观点是：田间打理上的投入多少对于产量和风味品质的影响可谓天壤之别。大量科研成果也对此加以验证，比如说：土壤速效钾与咖啡因含量呈负相关，土壤有机质和土壤速效磷对咖啡生豆中的咖啡因和总糖含量具有正作用，土壤pH和碱解氮与咖啡生豆中脂肪含量关系密切，土壤中氮、磷、钾含量过高或过低均会影响咖啡的杯品质量。

多年前，云南省德宏热带农业科学研究所就认为云南卡蒂姆小粒种咖啡能够呈现较好的风味品质，但多年来受制于四大因素：种植海拔高度低、病虫害影响、初加工环节控制不佳，以及田间管理水平跟不上，这其中又主要是养分管理跟不上等诸多因素。咖啡是多年生经济作物，每年采果都要带走大量养分：平均采收6000千克咖啡鲜果就要带走氮44千克、磷22千克、钾53千克。若施肥不足或不合理，咖啡园的土壤养分长期亏缺得不到适时补偿，咖啡植株会出现缺素、衰退，果实变小，品质变差，产量和品质都将受到严重影响。

为了更好解读田间管理所涉的方方面面，我们再挑选荫蔽栽培的问题来加以补充介绍。阿拉比卡种咖啡的祖先原本是小乔木及高大灌木，自由生长在埃塞俄比亚及周边的原始森林里，享受着明亮的散射光——烈日暴晒与阴暗潮湿都非所喜，可见种植遮阴树给咖啡做些适当荫蔽是符合阿拉比卡天性的。云南目前的主力咖啡品种卡蒂姆虽然属于高产抗锈暴晒树种，但如果种植于海拔1000米以下且无任何荫蔽条件，过度的全光照会导致咖啡抗性逐渐减弱，即便身为强悍的抗锈品种，也常发生咖啡褐斑病和炭疽病，对天牛害虫的抵抗力下降，并且抗旱、抗寒力下降。相反，良好部署实施的荫蔽栽培则能够在降低农药施用量的前提下提高平均单产，有效控制咖啡植株早衰和大小年收成差异问题，将植株丰产期延长数年，更能适当缓解干旱、霜冻等极端天气对于咖啡种植业的影响。中国云南咖啡产地大量的科研实践已经发现，通过推广咖啡复合栽培模式来适度荫蔽栽培能够降低叶表温度、叶面积和叶片厚度，控制营养生长，调节光合产物的转化分配，增强咖啡的生理活性，增加生物量累积。现如今，橡胶树、澳洲坚果、香蕉树、油梨树、铁刀木、柠檬树、西楠桦等经济植物都已经开始与咖啡树做复合栽培。

我们咖啡品鉴师最关心的永远是"风味"二字，那么适度荫蔽栽培表现在呈杯风味上呢？大量对比杯测发现，适度荫蔽栽培的咖啡会比全光照栽培的咖啡酸香风味更加突出、苦味有所下降、醇厚度有所增强，余韵也更好一些，整体咖啡风味品质有非常明显的提升。

7.6 咖啡鲜果采摘环节与咖啡风味之间有关系吗？

记得有位世界咖啡冠军曾经说过一番话，其大概意思是：咖啡师在门店里从研磨到萃取费尽心力，其实对于咖啡呈杯风味品质提升的贡献或许还不如咖农采摘时的努力认真大。这番话说出来叫人"心碎"，但应该距离事实不远。严格控制采果质量对于咖啡最终风味起到决定性的作用，咖啡品鉴师必须对此建立深刻认知，因此我也想详细做些解读。

咖啡树结的果实是一种核果，也称作浆果。除了田间管理等因素，同一品种的咖啡树种植在不同海拔高度对于咖啡果实具有较大影响——种植海拔与果实重量和大小正相关。咖啡树开始结果后一般需经历数年才到丰产期，科学管理下丰产期可持续10～15年，随后产量开始下降，30年左右经济寿命完结，咖啡树衰老，其产量迅速下降，风味也有明显下滑。

我们以云南卡蒂姆品种咖啡为例，简述一番花落结果直至采摘的全过程。

一般来说，花开后的第1个月果实成长速度缓慢，看上去就是一粒粒椭圆形体的青绿色小果实。进入挂果的第2个月，咖啡果实开始大量吸水，含水量迅速增加，体积快速膨胀，由此带来增长速度迅速加快，形成咖啡果实的正常扁圆体形，并形成第一个成长高峰期。在这个阶段，结合上文聊过的田间管理，应充分注重土壤水分，保持良好的灌溉和供水。

第4个月开始的3个多月称作第三阶段，果实增长速度逐渐放缓，含水量也始终稳定在65%左右。从外表来看，果实颜色由绿变黄，再逐渐变红。从内里来看，果实内果皮逐渐变硬，果实内的果核（咖啡豆）干物质量迅速增加积累。在这个阶段做田间管理时应充分注重土壤的肥力，保持良好的施肥，否则可能导致果实掉落凋零。

第四阶段也是最后一个阶段，指的是进入挂果的第7个月直至采收，果实再次形成第二个成长高峰期，果实体积继续增加，果肉增厚，含水量虽不变但含糖量增加，由此导致果实干物质量迅速增加，但果核内的干物质量并无多大变化。与此同时，果实颜色形成或深红或紫红等最终成熟颜色。如果考虑后续做日晒或蜜处理，就需要这个阶段积累足够充分。在云南的低海拔咖啡种植地区，每年9月底至10月就能看到红果挂枝头的景象，但是在某些高海拔地区，果实成熟则要等到转过年的2～4月份。

终于迎来了采摘鲜果的时节！我们通常根据外观来判断咖啡果实成熟与否，青绿色和黄绿色为未熟果，绿原酸和柠檬酸等含量较高，酸、香、甜未能达到最佳，云南咖啡产区叫作青果，不仅难以脱皮，而且口感艰涩寡甜，是咖啡呈现负面风味的最主要原因之一，应严禁采收。紫黑色、深黑红色的咖啡果为过熟果，除了某些特殊处理法（如葡萄干处理法等）以外，也不是我们的首选。此外还有失水干瘪的干果、被病虫害侵蚀的病果（果皮上有虫眼或病斑），也都对口感有负面影响，一般不采摘。

成熟适宜采摘的咖啡果实叫作咖啡樱桃（Coffee Cherry），云南本地叫作红鲜果或鲜果。高品质的咖啡都要求人工选择性采收，随熟随采，分批采收，从里向外采摘，单果采摘，不得将枝条、叶片、花芽和果穗一并摘下，集中收集的咖啡鲜果也要安置在遮阴处并及时处置。机械采摘则比人工采摘粗糙得多，鲜果品质也良莠不齐，后续再分选就麻烦很多，对于呈杯风味的影响是很大的。由此可见，着力强调选择性手工采摘的咖啡产品可以看作是一种对高品质、出色呈杯风味的明确宣示。

7.7 咖啡果皮颜色与呈杯风味之间有哪些关联？

一般来说，我们可以观察果实颜色的变化来判断是否成熟，从而决定采摘的时节。果皮中含有叶绿素、类胡萝卜素和花色素这三类色素。果实成熟前，存在大量的叶绿素使得果皮呈绿色；随着果实发育，叶绿素降解速度大于合成速度，所以逐渐减少，与此同时类胡萝卜素合成积累则相应增加，果皮呈现出黄色和橙色。待果实长大后，在阳光照射和较大的昼夜温差作用下，花色素的合成大幅加强，使得果实红润鲜艳。因此，成熟的咖啡鲜果果皮一般呈现出深红色、深橘红色或紫红色。

就果皮颜色这个话题我们还有必要展开来细说两点：第一，通过果皮颜色辨别成熟度是有误差的，外界温度、昼夜温差、施肥等都有可能影响到类胡萝卜素和花色素的生成，导致颜色出现偏差。因此，我们还可以通过测量果胶含糖量的方式来辅助判定。第二，某些品种咖啡树果实成熟之后果皮呈现出黄色、粉色、橙红色。黄波旁、黄卡杜艾、粉红瑰夏等咖啡树种相信很多读者朋友都有所接触，其中不乏风味惊艳的消费体验，但果皮颜色与呈杯风味品质之间并没有绝对的对应关系，仅仅通过果皮颜色就认定好喝与否是没有道理的。

几乎遵循同样的道理，不同品种的咖啡树在叶片形状、叶片色泽、牙尖颜色等诸多方面都有所不同，"绿顶瑰夏""铜顶瑰夏"等词汇已经耳熟能详，但我们不能将这些差异直接与最终咖啡呈杯风味品质挂钩。

7.8 加工处理环节与咖啡风味之间有哪些关联？

将成熟的咖啡鲜果从树上采摘下来，再经过一系列的流程工艺制成咖啡生豆，我们将这个环节叫作采收后加工处理（Post-Harvest Coffee Processing），又叫作后置加工处理，简称加工处理或处理法。

加工处理是一个承上启下的重要环节，可以直接决定杯中基本风味的走向，对于咖啡呈杯风味与品质意义巨大，也是现如今精品咖啡产业价值链上最受关注的领域之一，各种新技术、新思路和新策略层出不穷，叫人目不暇接。每年云南咖啡采收季节，都会有数不清的咖啡人跑到云南保山、孟连、德宏等地去"做豆子"，或是为了销售获利，或是为了本店自用，或是为了打比赛、做产品研发。总而言之，很多美好的咖啡事业都是从田间地头开启的。

咖啡鲜果的处理法主要分为干法（Dry Processing）和湿法（Wet Processing）两大类。干法处理多是采用传统日晒法（Sun-Dry），又称作自然干燥法（Natural/Natural Dry），这是最为古老且自然环保的咖啡处理方法，不消耗额外水资源，更不会造成环境污染。目前也有少数处理厂采用烘干机在室内缓慢干燥，或者将两者结合，实际效果也不错，还能有效避免阴雨天干扰生产进度。一般来说，日晒处理是将采摘下来的咖啡鲜果放在半人高的非洲晒床、屋顶平台或露台上，直接铺成厚4～6厘米的一层，接受阳光的暴晒。如果咖啡果实堆砌得太厚或翻动不及时，势必影响空气流动和干燥的均匀一致性，造成出现土腥味、过度发酵味、霉味等各种问题。特定时段或特殊天气下，还需要及时做好覆盖遮蔽等操作，以确保品质稳定如一。

咖啡的科学化时代来临前，传统日晒处理非常粗放，直接堆放在泥土地上晾晒是常态，更不会投入太多人力去做分拣。采摘下来的鲜果本就参差不齐，有红果有青果，可能还有过熟果和少量树叶、树枝等杂物，任由干燥随意进展，其结果可想而知。因此传统日晒一直被视为成本低廉、品质低劣、不需要任何技术的低端咖啡处理方法，容易给咖啡带来泥土、腐败、过度发酵、混浊等负面风味也就不用在意了。转变发生在我们这个讲求科学的精品咖啡时代，其实也就是最近这些年的事情。我们发现，一旦投入精力、技术与热情到日晒工艺的全过程中，也能制作出极高品质的咖啡来。精品咖啡运动的兴起让微批次高质量日晒变成了现实：用较为缓慢均匀的方式徐徐干燥脱水，能够更好地表达水果类迷人风味，并将其有效锁定，额外追加的大量人工做多重手选，让成本与品质都快速提升。由于日晒加工处理的干燥过程中发生了极为复杂的发酵，导致更易在醇厚度、甜度、香气和风味复杂度等方面胜出，浓郁的果香再加上些许迷人的酒酿风味，这也是如今微批次精品日晒大受欢迎的原因。

湿法处理又叫水洗法（Washed Processing/Fully Washed），其出现的时间比日晒要晚，大约始于18世纪中期，是将果皮去除后在发酵池中浸泡并反复冲洗，彻底将果胶清除干净，再晾晒干燥。水洗处理的出现就是为了针对当时大宗咖啡商品粗犷的日晒处理，获得香气和风味更精致、酸质更明媚靓丽、口感更加柔顺、质感更加轻盈、干净度更高的咖啡。虽然这样做比起传统日晒势必增加成本，但因为能够卖出更好的价钱，所以也能提高利润。

在相当长的时间里，水洗一直是高品质咖啡的代名词，事实也同样如此，如果希望大批量、成本可控、品质稳定地生产高品质咖啡，水洗法是今天唯一的选择。但近年来精品咖啡运动的兴起改变了这一切，微批次与微微批次越来越多，大幅上涨的价格能够覆盖追加的成本，精品咖啡圈里一味追求爆炸式的风味呈现，希望将每一杯咖啡都做成口腔里厚实饱满的"水果炸弹"，这使得日晒、蜜处理和其他特殊处理法大受追捧，水洗法反而略显沉寂落寞。

7.9 与水洗或日晒相比，蜜处理的风味特点是什么？

蜜处理的原名叫作半干处理法（Pulped Natural/Semi Dry），也可以叫作"去果皮日晒处理法"。20世纪90年代，巴西决定因地制宜探索一种全新加工处理方法，消耗更少的水资源，却能大幅提高咖啡品质，让本国原本日晒处理的大宗咖啡品质和国际市场竞争力大幅提升，半干处理就此诞生。

半干处理法的前两步与水洗处理法完全一样，将经历了初次分拣的果实倒入去果皮机（Depulper）中，快速将外果皮和大部分果肉（Pulp）等剥除分离。接下来的步骤就与水洗处理法有了些出入，而进入日晒处理法的环节——将表面尚残余大量果肉和果胶黏着物的咖啡种子（带壳豆）移到户外晾晒场，进行晾晒干燥。其间也需要专人进行翻动操作，确保透气良好、干燥均匀一致。

半干处理法的推广运用，大幅提升了巴西咖啡豆的品质与国际地位，让巴西也有了越来越多的精品级咖啡。后来这种工艺传到中美洲哥斯达黎加等国，在此基础上略做改进——更加精准地控制去果皮机口径，刻意使残留于带壳豆上的果胶多寡有别，再到晒床上徐徐晾晒干燥。中美洲诸国使用的西班牙语"Miel"恰好是"蜜"的意思，倒也很贴切，因此被称作蜜处理（Honey Processing）。

果胶残留越多，带壳豆包裹越厚实，掌控起来越不容易，晾晒时间越长久，但果胶中糖分和其他风味物质越便于渗透到咖啡豆中，最终使咖啡豆以近似于日晒处理的风味呈现。反之，果胶残留越少，可以渗透到咖啡豆中的果胶中糖分和其他风味物质也相应少了些。可见，蜜处理咖啡呈现出的风味介于水洗处理与日晒处理之间。在杯测实践中也确实如此，传统水洗与日晒的咖啡风味非常典型，而蜜处理的风味则介于两者之间，有时会难以判定。此外，蜜处理还可以做不严谨细分，表面附着有不同果胶残余量的带壳豆在晾晒之时会呈现出截然不同的视觉效果——果胶残余量越多，发酵过程中色泽越深，风味越接近日晒；果胶残余量越少，则豆表色泽越浅，风味越接近水洗。这些又与最终风味呈现有一定关联，于是一般便将蜜处理细分为：黑蜜、红蜜、黄蜜和白蜜等。

7.10 印度尼西亚苏门答腊曼特宁采用的湿剥法有哪些特殊的风味追求？

前文我们已经详细介绍了日晒、水洗和蜜处理，这是处理法的三大分类。其他很多五花八门的加工处理方法都可以看作是在前面三大类基础上的各种工艺改造、技术升级和流程微调，但万变不离其宗。

湿刨法或湿剥法，当地称作"Giling Basah"，以印度尼西亚苏门答腊岛最为常见，因此又被称为印尼湿剥法、印尼湿刨法。是闻名遐迩的印尼名品咖啡——苏门答腊曼特宁的经典加工处理工艺。如果你抓一把印度尼西亚苏门答腊曼特宁的咖啡生豆，摊在手心细细观察，一定会被其与众不同的"丑陋外观"所震撼：豆表色泽更加莹绿深沉，呈现出半酸或全酸豆特性者不在少数，豆体形状参差各异，其中不乏从中心线处微微裂开者，被形象地称为"羊蹄豆"。曼特宁咖啡生豆呈现如上品相外观特征，就是与印尼湿剥法这种处理加工方法关系密切。

印尼湿剥法产生的根源在于：苏门答腊北部咖啡产地每年咖啡采收季节与雨季恰巧重合，三天两头下雨、空气湿度高的采收季可不是一个好消息，这导致咖农们没有条件在户外将咖啡果（豆）从容晾晒干燥。当时当地也不可能有今天诸如烘干机等室内大型干燥设备，纵使有也不可能买得起，更不可能用得起。为此，当地咖农们因地制宜，被迫想出了一个快速干燥的方法，简单来说就是看天吃饭——趁着采收季节的短暂晴天，分阶段地处理咖啡，并间歇式快速晾晒干燥，印尼湿剥法就此诞生。首先将采收的咖啡鲜果进行去果皮处理，去完果皮后，将还有大量果胶残留的带壳豆进行短暂干燥晾晒。只需数个晴天即可，为的是将其含水量降至30%～35%，由于水活性下降，大幅减少腐败变质风险，便于后续操作。然后将残留果胶的半干带壳豆进行机械式剥除内果皮——让含水量仍然很高、处于柔软状态下的咖啡生豆直接裸露出来。由于机械式外力强行施加给柔软的咖啡生豆，导致部分生豆出现中间线裂开等现象。什么状态下的晾晒干燥最快速有效？答案不言而喻，咖啡生豆赤裸裸暴露在外，实现了最快速的晾晒干燥，这一过程也只需数个晴天即可。

分阶段干燥的印尼湿剥法是一种很有创造性的因地制宜咖啡处理方法。除了豆表外观便于识别，其风味上也有特点：低酸，醇厚，余韵悠长，容易带上些草本、木质、烟草、黑巧克力、香料等风味，处理得当还能带有黄色花香。凡事过犹不及，如果湿剥法处理过程中太过粗犷不羁，木质、泥土、皮革、发霉等风味就会强势涌现，给感官带来负面体验。

7.11 加工处理过程中有发酵存在吗？发酵的本质是什么？

一切生物体都通过呼吸和发酵获得能量，这个过程叫作氧化，但凡生物体都存在有或多或少的发酵过程。广义发酵指的是微生物进行的一切代谢活动，有氧与无氧（少氧）均被纳入其中，前者又被称为好氧，后者又被称为厌氧。而狭义发酵多指微生物在厌氧条件下，有机物进行彻底分解代谢释放能量的过程。发酵在传统咖啡的加工处理中是普遍存在的，只是并非人们刻意而为。如水洗处理发酵池中浸泡等诸多环节，大量自然状态下的微生物菌群参与其中，或多或少都存在着发酵。曾经大名鼎鼎的猫屎咖啡，是因为麝香猫、果子狸等吞食咖啡果实后，无法消化的咖啡种子最终被排泄出来，而在动物体内厌氧环境中有着庞杂的肠道共生菌群，借助它们的帮助使得咖啡经历了一定的发酵，给最终呈杯风味带来了些许变化。作家桑德尔·埃利克斯·卡茨（Sandor Ellix Katz）在《发酵完全指南》中说："人们发明发酵技术不只是为了保存食物，也是为了把无法食用的部分变成营养丰富的食物……某些微生物能在食材上创造出惊人的变化，给我们带来丰富多彩的滋味，也让食物更易于消化和有营养。"正是因为发酵的存在，咖啡鲜果的果肉、果胶等也参与到了咖啡呈杯风味的创造过程中。

详细了解咖啡加工过程中的发酵，我们需要从两个概念入手。

第一个概念是微生物。什么是微生物呢？细菌、病毒、真菌等都属于微生物的范畴，它们是地球上分布最广、最为庞大的生物种群，与人类活动息息相关。传统发面时使用老面来发面，其中起作用的主要成分就是空气中的"野生"酵母菌——一种可食用的、营养丰富的单细胞微生物，此外还含有乳酸菌等一些杂菌，同样也都是微生物范畴。人类利用微生物发酵进行食品防腐、延长保质期、食品加工、拓展可食用性等已有数千年的历史，而认识发酵的本质却还是最近几百年的事情，发酵工艺日趋成熟，利用微生物群体生命活动来加工制作产品日渐得心应手，更发展出庞大的食品发酵工业，创造出了白酒、葡萄酒、啤酒、黄酒、酱油、酸奶、食醋、腐乳、泡菜、面包、鱼露等成千上万种发酵食品。那么这些微生物菌群为何能够实现发酵呢？这是因为他们体内能够分离出大量的酶。

第二个概念是酶。酶又叫作酵素，是广泛存在于生物体内的一种生物催化剂，同时也是一种蛋白质。我们的生命无时无刻不能离开酶，我们的生活与酶的应用息息相关。有人估计，生物体内大约存在着1023种酶，正是它们保证了生命过程的正常进行，一旦由于某种原因造成某一种酶的缺失，或催化活性低下，生物的新陈代谢就会不正常，进而引发疾病，甚至死亡。但对于酶的相关科研开始得很晚，直到20世纪80年代，酶学与酶工程才真正蓬勃发展起来。

酶在生命中如此重要，其根本原因在于酶催化反应速度之快，要远超化学催化剂催化的反应无数倍。比如食物中的葡萄糖与氧反应，变成二氧化碳和水，释放能量是维持生物体体温和一切活动的能源。如果没有催化剂，在常温常压条件下，需要几年或更长的时间。若要反应加快速度，必须在300℃以上才能进行，燃烧氧化，释放能量。生物体内哪能经历这种折腾？而实际在生物体内一系列酶的催化作用下，常温常压下可瞬间完成，简直不可思议。我们以日常咀嚼米饭或馒头为例来说明，如果你吃饭时狼吞虎咽，其实体验感是有限的，如果足够细嚼慢咽，咀嚼时间越长会觉得米饭或馒头越甜。这是因为馒头和米饭中含有大量的淀粉，它虽然是由葡萄糖组成的，但因为分子太大，没有甜味。咀嚼时让口腔分泌的唾液与食物充分混合。在唾液中含有一种淀粉酶，它能够使部分淀粉分解成由两个葡萄糖组成的有甜味的麦芽糖，而且还有助于消化，更易为人体吸收。

人体、动物、植物和微生物都能分泌很多酶。土壤、水和空气中就有能产生各种酶的微生物菌种，咖啡加工处理主要是利用这些自然界中的"野生"微生物菌群来生产酶，将咖啡果肉和果胶作为营养物质，让咖啡呈杯风味在甜度、酸质、体脂感、香气、余韵等各个维度都有改变和提升。而在食品工业上，为了生产所需要的酶，大多数是在含有营养物的液体培养基中，于适当的条件下进行培养，让微生物菌种生长，并产生我们所需要的酶，其实这才是发酵的本质。

到了当下精品咖啡时代，加工处理成为咖啡全产业链上最受人关注的环节之一，我们将处理法视为一种发酵工艺来主动为之，各种创新式的加工处理工艺如雨后春笋般涌现，只是目前工业化程度还很低，更难以精确计量。我们尝试着利用芽孢杆菌、醋酸杆菌、双歧杆菌、乳杆菌、酵母菌、棒杆菌、毛霉、曲霉、青霉等大量微生物菌群在营养、温度、氧气、pH等一定条件下发生生化反应，酶在其中起到了关键性作用，生成酒精、乳酸、氨基酸、糖、脂肪酸、甘油、甘油三酯等初级代谢产物，以及次级代谢产物，调整最终呈杯咖啡风味。如果以最终呈杯风味是否大幅优化为标准来检测，成功案例很多，失败案例也比比皆是。举例来说，酵母菌往往能够带来酒香，子囊菌可能增添花香，乳酸杆菌、乳酸乳球菌等能够带来水果香，乳杆菌可能带来酸味和奶油甜香，棒杆菌可能带来鲜味，芽孢杆菌可能带来酱香，醋酸杆菌则会带来醋酸风味，霉菌可能会带来不愉悦的发霉味，杂菌可能还会生产诸如赭曲霉素等毒素。

越来越多的技术专家加入进来，开始应用发酵动力学等科学理论，研究不同微生物繁殖生长曲线、菌种彼此间竞争关系，以及这些与最终呈杯风味之间的对应关系。咖啡加工处理环节的发酵工艺控制，可参见图7-1。

图 7-1　咖啡加工处理环节的发酵工艺控制

7.12　什么是厌氧处理？厌氧处理法有什么风味特点？

　　大多数发酵过程都是在有氧参与的条件下进行的，属于有氧发酵过程，又称作好氧发酵过程，糖类化合物经过酵解生成丙酮酸后，进入三羧酸循环（TCA循环），最终将还原氢（H）传给最终的电子受体氧气（O_2），生成水，中间产物是各种有机酸、氨基酸、酶、二氧化碳等。

　　在缺少氧气参与的情况下，细胞进行无氧代谢，仅获得有限能量维持生命活动，我们则会利用微生物生理特性进行厌氧发酵。厌氧发酵过程中，糖类化合物经过酵解生成丙酮酸后，丙酮酸继续进行代谢可产生酒精（乙醇）、乳酸、短链脂肪酸等有机酸，这些物质的积累又会抑制菌体的生长和代谢。咖啡的厌氧发酵（Anaerobic Fermentation）是充分学习借鉴酿酒发酵工艺的创新产物，就是在咖啡处理的某个阶段，有意去限制咖啡与氧气的接触，营造环境让咖啡在少氧或无氧的状态下发酵一段时间，其间严格测量控制时长、温度、含糖量、pH、压力等因素，一大堆微生物菌群就会竞争上岗，争当优势菌种，其间可能还要人为添加底物，或诱导调节，或抑制控制。所有这一切最终的目的是改变或改善咖啡最终呈杯风味：更香、更甜、更饱满、特色风味更突出。

咖啡厌氧发酵工艺据说最早是咖农路易斯·爱德华多·坎波斯（Luis Eduardo Campos）在哥斯达黎加咖啡公司"Café de Altura"任职时发明的，几年后的2015年经由WBC冠军、来自澳洲的沙夏·塞斯提克（Sasa Sestic）将其发扬光大，逐渐风靡全球至今。需要说明的是，厌氧发酵工艺具有广泛的适应性，既可以在传统的加工处理环节中引入，也可以做彻底的处理流程创新，既可以规模化生产，也可以做微批次。而且厌氧环境中外界干扰变因较少（暴露在大自然条件下的传统有氧发酵其实各种大大小小的干扰性变因无处不在），也更加便于我们精确控制，更加便于稳定地生产微批次的精品咖啡。

但与此同时，厌氧发酵是一个潘多拉魔盒，一旦打开后也存在被滥用的风险，甚至被用于掩盖生豆原有的瑕疵缺陷，厌氧风味浓郁、但生豆瑕疵风味依旧的豆子时常喝到，喝多了就难免吐槽，很多资深咖啡消费者经历了"厌氧轮回"后又开始回归传统处理，甚至传统水洗豆。如何理性看待厌氧发酵，如何展现高质量的厌氧是摆在大家面前的当务之急。

7.13 猫屎咖啡是不是真的有些特色风味？

约2000年开始走红的印尼猫屎咖啡（Kopi Luwak）其实在非洲、亚洲的咖啡产地早已有之，只是过往的身份是"穷人咖啡"，后来翻身成了炙手可热的"贵族咖啡"，在精品咖啡运动兴起后又显得有点沉寂。

"Kopi"是咖啡的意思，"Luwak"指的是一种俗称麝香猫的树栖野生动物。这种昼伏夜出的热带杂食动物喜欢在果实成熟时节的咖啡园里出没，"偷取"最成熟的咖啡果，剥去外皮后吞下肚，吮吸那层甜美又少得可怜的果肉。咖啡豆质地坚硬，难以消化，与肠道亲密接触后，便随着粪便排泄而出。最初的咖农心疼被糟蹋的咖啡，大肆扑杀麝香猫之余，将满是粪便的咖啡豆（带壳豆）取回，冲洗干净，留下咖啡豆售卖。事实上麝香猫数量极为稀少，果子狸更为多见，"Kopi Luwak"应该叫"Kopi Musang"才对，而天然猫屎咖啡极度稀缺，更多则是饲养场里的产物。

在自然条件下，杂食性的麝香猫、果子狸等小兽只会去啃咬吞食成熟度最高、甜度最丰沛的咖啡果实，天然猫屎咖啡如若在呈杯风味品质有些许提升的话，"动物选择性采摘"就应该占据了一半以上的功劳，这与我们前文讲述的人工选择性采摘有异曲同工之妙。

咖啡果实被啃咬吞食下肚后，胃肠道环境构建了一个天然的厌氧环境，包括乳酸菌在内的大量微生物菌群在酶的作用下开始发挥作用，果肉、果胶被大量分解的同时，也会有少许种皮和豆体被分解，其速度效能远超过体外正常的水洗或日晒发酵处理。看到这里，相信大家能够产生合理联想：不同的动物胃肠道微生物菌群有所不同，发酵发展方向有别，那么肯定会对最终咖啡呈杯风味带来影响，这事照着这条线索细究下去就会特别复杂。

继续前文描述，少部分豆体中的糖类化合物、有机酸、蛋白质等在胃肠道中被分解掉，而这些风味前驱物质原本将在后续烘焙过程中积极参与到美拉德反应、焦糖化反应等一系列重要化学反应中。于是，我们喝到的猫屎咖啡的呈杯风味大概如下：活泼的酸质和丰沛的果香有少许消磨，苦味下降，醇厚度和平衡感增强，巧克力、香料、杉木、可可等风味在此消彼长上略有突显，口感顺滑，余韵悠长。如上这番描述也在我的多次对比盲测中得到验证。假如正品天然猫屎咖啡的呈杯风味这般，似乎也没有惊艳的风味关键词，性价比如何就仁者见仁，智者见智了。

第 **8** 章

咖啡风味下篇

从烘焙到冲泡

8.1 咖啡豆烘焙的过程分为几个阶段,哪个阶段与风味发展有关联?

如前文所言,食品中风味物质形成的两大途径之一便是非酶促反应,而热反应在其中占有核心地位。咖啡烘焙是将生豆中的前驱风味物质加热转化、创造出杯中最终风味的最重要环节之一,也是一名优秀咖啡品鉴师必须有所涉猎的领域。

我们不妨以目前用户拥有量最大、使用最为主流的滚筒式半热风烘焙机为例来加以说明,其他烘焙设备本质也与此相同,只是对外呈现上有所差异而已。烘焙机适当预热蓄能后,室温下的咖啡生豆入锅,8～15分钟的持续传热过程就此展开。

首先生豆会脱去一部分水分,待温度上升到达某个临界值后,包括美拉德反应在内的一系列化学反应陆续登场,首先反应强度很低,随着温度上升反应强度逐渐提升,持续进行到一定程度后,咖啡豆已经吸收了足够的热量,咖啡豆体内部积聚越来越多的气体——以水蒸气为主体,也有大量二氧化碳及微量一氧化碳等。这导致豆内压力远超外界大气压,豆内压力增加太多到达临界点之后,积聚的大量气体撕裂了咖啡生豆结构,"集体越狱"而出,体积急剧膨胀并产生清脆的爆裂声响,我们称之为第一次爆裂(First Crack,FC),简称"一爆"。一旦到达一爆,意味着咖啡豆不再是生豆而是熟豆,具备了出锅下豆的可能性。接下来经历时间越久、升温越多则意味着烘焙程度越深,甚至还可能会迎来第二次爆裂(Second Crack,SC),简称"二爆",而这个过程中,咖啡豆以"秒"为单位,风味在持续发生着变化。恰好在我们所需要的风味时点出锅下豆并迅速冷却锁定风味是一名优秀烘焙师的技术活儿,也是烘焙的核心目标之一。我们将上述从生豆进锅入豆到最终熟豆出锅下豆的全过程称为烘焙全程,烘焙全程一般在8～15分钟,这不长的时间里的变化却可谓是"翻天覆地""沧海桑田",需要合理分成几个阶段便于研究分析。以我目前看到的烘焙体系而言,两段论、三段论和四段论较为常见,也都各自具备一定道理,但三段论无疑最为主流且实用(图8-1)。

第一阶段:从生豆进锅入豆到豆体颜色转黄,称为"脱水阶段",主要是以部分水分脱除为核心任务。

第二阶段:从豆体颜色转黄到第一次爆裂,称为"褐化阶段",这一阶段除了继续脱水外,同时发生褐变反应——美拉德反应,豆体颜色持续向褐色发展。

第三阶段:从第一次爆裂直至最终出锅下豆,称为"风味发展阶段",简称"发展阶段"，这一阶段是咖啡熟豆风味生成并持续快速变化的阶段，这一阶段产生一系列化学反应，咖啡熟豆的焙度会由浅到深持续进行，需要争分夺秒加以关注和灵活控制。

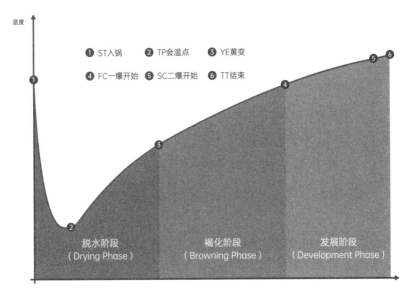

图 8-1　一条完整的豆温烘焙曲线示意图

有人看到第三阶段叫作"风味发展阶段"，故而望文生义，认为只有这一阶段才与最终呈杯风味品质密切相关。其实不然，咖啡烘焙是一个完整不可分的过程，分阶段只是我们分析研究的外在手段而已。看似第三阶段风味在持续生成且迅速变化，但这只是呈杯风味的"果"，而三个阶段的进展才是呈杯风味的"因"。仅举一个例子来说，前期脱水的节奏与程度直接关系到后续美拉德与绿原酸水解等诸多反应的推进，从而决定了呈杯风味与品质。这使得从进锅入豆到一爆后的发展阶段成为一个彼此呼应、相辅相成、密不可分的整体。

8.2　不同烘焙程度与风味之间有何关系？

正如前文所说，随着一爆的到来，创造咖啡风味、塑造呈杯风味的各种化学反应都已闪亮登场且在剧烈进行，也意味着烘焙师到了全力以赴的出锅倒计时刻。我们需要以秒为单位，密切关注烘焙的发展，通过取样来观察咖啡豆表颜色并推测当前粉值、嗅闻咖啡豆香气的变化，找到最佳的烘焙程度，然后果断下豆冷却，"争分夺秒"一词用在这里恰如其分。

从一爆开始到最后的出锅冷却，虽然其中还有若干个重要时间点需要关注，但这一完整过程决定了咖啡风味的发展生成，更是最终呈杯风味的关键所在。我们将从一爆开始至最终出锅下豆所经历的时间称作发展时长（Development Time，DT）并重点讨论，这个阶段也称作发展阶段（Development Phase），各种不同的烘焙程度都是在此阶段产生的。

第一次爆裂从开始转而爆声密集，再由密集到逐渐稀疏，并最终结束，这是一个完整的过程，通常经历1分半左右（长则不超过2分钟），我们将其称作浅度烘焙（浅焙，Light Roast）。在精品咖啡运动蓬勃兴起的今天，特色树种与风土成为人们的核心追求之一，这使得花果酸香丰沛的浅焙咖啡豆越来越常见。但浅度烘焙并不简单，刚刚进入一爆直至一爆密集被称作"极浅烘焙（Very Light Roast）"，这一阶段有机酸浓度积累上升，但一些尖锐单调的酸质缺乏甜度支持，口感酸涩寡淡，风味整体发展不足，往往并不讨人喜欢。通过一爆密集后往一爆结束发展的过程称作"肉桂色烘焙（Cinnamon Roast）"，这时释放出来的芳香气体主要以低分子量的花果草本类型为主，且酸香浓度先后攀升至顶点，甜味也开始与酸香融合共鸣，特色风味绽放，风味发展呈现较极浅烘焙已经是大幅改观。总之，花果酸香与甜感丰沛平衡是浅焙的风味追求。

一爆结束时，零星的爆裂声还会持续一段时间，随后咖啡豆进入一个安静的吸热储能阶段，几乎不再听到爆裂声，称为"沉寂期"。沉寂期的咖啡豆内实则并不沉寂，各种与风味有关的化学反应如翻江倒海一般在进行，第二次爆裂更在积极储能酝酿中。我们将如上描述的这一阶段称作"中度烘焙（Medium Roast）"。原产地精品咖啡由于更希望突出树种、处理法与地域相结合的个性化风味，过深的烘焙会抹掉棱角和特色且苦味突出，过浅的烘焙有时又稍显发展不足或酸度过于凸显，于是中度烘焙就成了很多时候权衡拿捏的"平衡点"、大概率的"靶心"。

专业咖啡烘焙师会将中度烘焙拆分成两个细分阶段：中等烘焙（Medium Roast）和中强烘焙（High Roast），分别对应一爆结束后与沉寂期。我们在此没必要如此细分，只做一个笼统的描述：中度烘焙阶段的酸味与花果香气已经越过最顶峰开始大幅下降，奶油、香草、坚果、巧克力等香气明显，甜度丰沛且苦味不多，由此形成一个微妙的风味均衡态势：少许花果酸香与迷人的坚果巧克力香气混合呈现、饱满的甜感、足够的醇厚度、微有些许顺口苦。

经历沉寂期之后，咖啡豆开始迎来第二次爆裂，简称二爆。如果说第一次爆裂主要是水蒸气为主体的气体脱体而出的话，那么二爆的主因则是众多热解反应导致碳元素以二氧化碳的形式撕裂豆体纤维，从而形成脱体暴走的过程。中深烘焙（Moderately Dark Roast）指的是沉寂期尾端直至进入二爆的过程，而从彻底进入二爆直至二爆彻底结束称为深度烘焙（Dark Roast）。

我们首先研究一下中深烘焙。刚刚触及二爆经常被称作"城市烘焙（City Roast）"，它是中深烘焙之下的第一个程度，酸度的棱角被打磨得更加圆润，释放的芳香气体以中等或中等偏大分子量为主，酸香中夹杂着明显且诱人的烘烤坚果、烤吐司、香草、黄油、焦糖、巧克力等气息，甜度和体脂感愈发凸显，苦味还不算太多，故而用于意式萃取或调制奶咖十分讨人喜欢。接下来，进入二爆直至转向密集的短暂过程中，大分子量芳香分子开始逐渐出现，焦糖巧克力类香气依旧丰沛，并随着烘焙程度加深而渐多，随着酸度大幅下降，苦味逐渐凸显，咖啡豆表面莹润有光泽。这更是传统意式浓缩咖啡比较常见的烘焙"靶心"。

我们最后看看深度烘焙。我们将二爆密集直至尾端定义为"法式烘焙（French Roast）"，这是进入深度烘焙的第一个阶段，也是很多欧陆传统咖啡烘焙常见的烘焙"靶心"，咖啡香气中带有树脂、香料、烟熏、炭烤等深沉内敛的风味，咖啡豆表面出油明显，体脂感圆润厚实，回甘持久。二爆尾端至二爆结束时，咖啡豆表面已经油乎乎得"惨不忍睹"，豆体呈现出较为明显的碳化迹象，我们将其称之为"意式烘焙（Italian Roast）"。事实上只有极少数咖啡烘焙师会有针对性地瞄准这个程度作为"靶心"，"意大利"一词略有背锅之嫌。

咖啡的烘焙程度可参见图8-2。

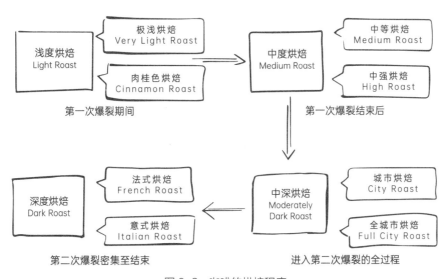

图 8-2　咖啡的烘焙程度

8.3 样品杯测应该采取什么烘焙程度最为合适?

SCA的杯测样品豆烘焙策略现已成为精品咖啡应用科学体系的重要组成部分,该标准大体包括如下几条。

第一,使用样品烘焙机,完整烘焙时长为8～12分钟(从入锅到出锅下豆)。

第二,中度烘焙程度,用Agtron(艾格壮)"Gourmet"测定豆粉值#63.0(Colortrack: 62/Probat Colorette3b: 96)。

第三,出锅下豆时,采用风冷方式快速冷却。

第四,咖啡熟豆冷却后,需妥善包装保存起来,留待杯测使用。

第五,使用过去8～24小时内烘焙完成的咖啡豆进行杯测评估,保证新鲜度。

作为一套形成于精品咖啡时代以前的技术标准,是与数十年前大众咖啡消费相匹配的,早期使用的也多是产自中南美洲的高海拔阿拉比卡水洗豆。中度烘焙的咖啡豆可以做到酸、香、甜、苦、醇等诸多风味的平衡,满足大众市场最广泛的感官喜好。纵使到了今天,只要我们走上人流如织的街道,走进普通大众群体去做咖啡消费偏好取样调查,样本量越大,中度烘焙胜出的概率越高。由此可见中度烘焙的合理性还是切实存在的。但与此同时,精品咖啡运动已如火如荼,树种、风土与处理法使得花果酸香越来越成为不容忽视的风味追求,较标准中度烘焙来说,更浅的焙度(比如粉值在#75～80之间)也成为越来越多样品杯测的合理选择。

8.4 咖啡烘焙度应该如何锁定并确保最佳的呈杯风味?

这是一个非常好的问题,由于很多咖啡烘焙师身兼品鉴师的职责,很多咖啡品鉴师也正在学习咖啡烘焙技术,我们有必要展开来加以讨论。作为基本原则,烘焙操作者(人)需要综合评估、合理调度、精确控制三大要素:咖啡烘焙机(机),咖啡豆(豆)和气压、温湿度等外部环境(环境),既要综合评估咖啡豆的风味潜力,还要做到人机结合（图8-3）。我们将一次完整咖啡烘焙的全过程分成三个阶段：操作准备、烘焙过程和结束作业，分别对应"事前规划，过程记录，事后总结"十二字原则，用理性科学的精神和定量分析手段取代感性和随意。

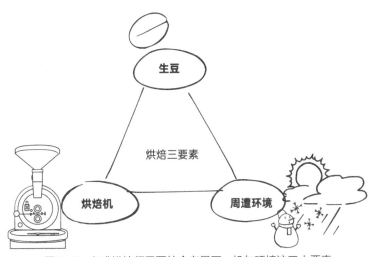

图 8-3　咖啡烘焙师需要综合考量豆、机与环境这三大要素

　　举例来说，我们一般会通过控制烘焙粉值来锁定最终咖啡熟豆的烘焙度。前文已经讲过，咖啡烘焙过程尤其是一爆开始阶段是呈杯风味的主要生成期，其幕后推手便是两大非酶褐变反应：美拉德反应与焦糖化反应。咖啡烘焙程度的加深正好伴随着咖啡颜色的加深，两者之间拥有极为密切的关联，可以彼此参照印证——烘焙程度深，则势必颜色深；反之亦然。正是基于这个基本逻辑，Agtron（艾格壮）咖啡烘焙色度检测仪（如下简称Agtron）等一系列精确测量烘焙色值的工具便有了大展拳脚的机会。Agtron便是借由分析特定化学成分群组物质对于光度计的反应来判定烘焙程度，这个特定化学成分群组物质对于咖啡风味产生明显线性关系，且会直接反应在咖啡风味上。我们将盛满咖啡熟豆或咖啡粉的样品盘推进Agtron中，设备会发射红外线照射并接受统计反射光。咖啡豆（粉）烘焙得越深，吸收越多、反射越少，读数则越小。反之，咖啡豆（粉）烘焙得越浅，吸收越少、反射越多，读数则相应越大。Agtron的检测结果直接反应成#0.0～#100.0之间的数值，数值越低代表烘焙程度越深，数值越大代表烘焙程度越浅。

　　单纯锁定最终的豆粉值就足够锁定咖啡呈杯风味吗？答案是不一定。两条不同的烘焙曲线也可能使得最终豆粉值完全一样，但呈杯风味却不尽相同。有时我们还需要引入一系列的参数如发展率（DTR）、发展时长（DT）、升温速率（RoR）等来锁定一条完整的烘焙曲线，确保持续烘焙生产的品质如一和风味稳定。是仅仅锁定粉值大略上锁定风味即可呢？还是在此基础上进一步引入其他烘焙技术参数来强化锁定风味细节呢？答案完全取决于我们的投入产出比，取决于我们咖啡产品的目标市场定位，取决于我们瞄准目标客户群体的满意度所在——越是对于呈杯风味要求高的客群，我们越是要构建一套相对完整的烘焙技术标准，将风味品质牢牢锁定。反之，如果产品面对的是某些大众市场，消费者对于品质要求不高，额外增加烘焙技术标准追加的成本对于消费者无感的话，或许我们可以仅仅锁定最终粉值让顾客满意。欢迎读者结合后文中介绍的卡诺模型来加以理解。

8.5 经常听说"养豆"一词，那么咖啡烘焙后养豆是必需的吗？

我们经常将咖啡与葡萄酒做对比。封装在瓶中的葡萄酒是有生命的活物，无时无刻不在发生着变化，可能风味巅峰此时尚未出现，我们将其称作"熟成"。一支刚刚烘焙完成并冷却至室温的咖啡豆则没有那么"幸运"，可谓"出道即巅峰"，从呱呱坠地之时起，大体就一直处于无可挽救的劣化衰老过程中，我们要趁着新鲜尽快享用，这是必须遵循的基本逻辑。

那么为什么会有"养豆"一说呢？首先我们要意识到，并不是所有新烘咖啡豆在做任何研磨萃取时都需要"养豆"，"养豆"只是通常情况下可以考虑的一个过程——短则数个小时，长则数天。这是因为经历过烘焙的咖啡熟豆体积较原本的生豆膨胀了30%～100%，原本致密紧实的豆体变成了类似活性炭、蜂窝巢、海绵一类的疏松结构，内里充满了二氧化碳等气体。咖啡烘焙过程中，一系列的脱羧反应使得大量二氧化碳滚滚溢出，哪怕是烘焙结束后也有大量二氧化碳存留还来不及排出。如果此时着急马上研磨萃取，一则可能导致研磨和萃取环节的不一致和不稳定，尤其在意式浓缩萃取时表现得尤为明显；二则一些烟感和杂味还来不及随着二氧化碳溢出，会增加余韵负面体验；三则当使用热水冲泡之时，过量二氧化碳会导致生成更多碳酸氢根离子，给舌面带来粗糙感。

此外，"养豆"需要注意适可而止、过犹不及。新鲜才是我们的核心风味诉求，过分养豆会带来劣化风味。咖啡熟豆的劣化主要是两个方面因素综合在一起造成的。第一个因素是"从里到外"。咖啡熟豆中的挥发性芳香气体无时无刻不在缓慢逸散。如果知晓咖啡烘焙常识，会更加清楚这其中的本质：溶解在二氧化碳中的芳香物质随着二氧化碳等气体从咖啡熟豆网孔状的结构体中逸散而出。这个因素会导致存放时间越久、存放过程中包装越不妥当的咖啡熟豆香气流失得越多，冲泡制作的咖啡越来越缺失风味。第二个因素是"从外到里"。咖啡熟豆包装不妥或存放条件的诸多问题（温湿度）导致氧气或水汽的入侵，前者导致氧化，后者导致受潮，总之都是风味劣化，原本鲜美的咖啡变得寡淡且带有泥土、木头、牛皮纸等明显令人不愉悦的感受。

8.6 为了确保最终呈杯风味，研磨环节应该注意哪些基本原则？

将咖啡豆研磨成粉，是为了大幅增加冲泡之时粉水接触的总表面积，提高萃取质量和效率，并让我们所需要的风味能够在合理时间内抽离到杯中。研磨的重要性正在逐渐深入人心，别说是咖啡从业者不敢掉以轻心，将研磨纳入到"最核心"范畴，即便是普通咖啡爱好者也知道在研磨环节追加投资预算，选择一台专业的研磨设备来确保呈杯风味品质的稳定出色。

首先，如果我们将专业研磨设备的研磨过程进行细化分解，其实可以看作是三个步骤在依次进行。第一步是将咖啡豆拆分为若干较大的颗粒；接下来将若干较大的颗粒做均匀一致的初次研磨；最后根据我们所需要输出的粗细度进行最后的精细研磨。不要小看如上这"研磨三步曲"，我们不妨观察一番专业研磨的刀盘，从里到外将其表达得淋漓尽致。很多廉价的非专业设备就此被排除在外，不管这些设备是电动还是手动。而很多中高端的手摇磨豆机则完全符合如上逻辑，可以被视为专业研磨设备。

其次，根据研磨刀盘的结构不同，大体可以分作平刀、锥刀和滚筒刀。我们应该根据研磨的场景和需求来做合理选择。平刀的研磨部件是由两片布满锋锐锯齿的环状刀片组成，咖啡粉是从中往边缘推挤出来，研磨动作更偏于"切削"。平刀研磨效率不错，大直径平刀研磨质量非常高，研磨一致性好，因此占据了相当一部分市场份额，尤其是意式磨豆机领域。锥刀是由两块圆锥铁的立体形式（一内一外）咬合而成，外层固定，内圈旋转，咖啡粉从上往下随着重力作用（自然落豆）自然被研磨挤压出来。这种设计提高了研磨效率，咖啡粉发热问题也有所缓解，且使用寿命更长，只是往往均匀一致性略逊平刀半筹。锥刀多应用在手摇磨豆机和部分意式浓缩研磨机中。此外，不同于平刀研磨的片状咖啡粉偏多，锥刀研磨的咖啡粉颗粒状较多，且细粉较少，不易萃取过度，风味层次性、丰富性提升的同时，较不易产生萃取过度的负面风味。类似滚筒（滚轴）刀的研磨设备是咖啡工厂的常见研磨设备，滚筒刀通常有几组带有纹路的金属滚筒，从上往下依间隙由大至小依次排列，咖啡豆由上方倒入，由于重力作用自然往下，随即被层层碾碎直至最后落下。这种设计原理的工业级磨豆机是最典型的碾压式研磨设备，扭力大、转速慢、发热少、研磨效率高，且均匀度极高，非常适合大量研磨生产，但售价高昂，占地面积也大。滚筒刀与平刀的对比参见图8-4。

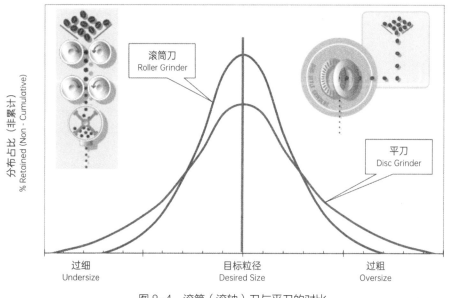

图 8-4　滚筒（滚轴）刀与平刀的对比

再者，在基本设计结构下再讨论研磨质量。以最为常见的平刀为例，刀盘内外圈层设计、刀盘直径大小、上下刀盘放置方式、功率、转速、防飞粉设计等无不影响最终的研磨结果——粒径分布和粉粒形状等，使得不同的研磨设备会有最佳的对应使用场景——意式、手冲、杯测、浅焙、深焙等。

此外，研磨与萃取之间的衔接值得关注。咖啡熟豆研磨后，细胞壁被破坏再加上豆体内压力的释放，都导致四周弥漫着诱人的咖啡香味，这也是咖啡香气的快速逸散过程。此外，与空气接触面积的迅速增加，也会提升氧气劣化速度，让咖啡豆迅速"不新鲜"起来。专业机构的检测数据证明：滤泡式咖啡豆将在研磨15分钟内流失50%~60%宝贵且最活跃的挥发性芳香风味物质，而意式浓缩咖啡豆将在研磨2分钟后流失48%~50%的宝贵且最活跃的挥发性芳香风味物质。但遗憾的是，任何一线咖啡从业者都没有能力和技术手段做到咖啡粉的长时间良好储存。因此，我们应该从出品制度和工作习惯两个方面来尽可能缩短研磨与萃取之间的停顿，研磨与萃取完美衔接，保证尽可能多的风味物质存留杯中。

最后，为了确保呈杯风味品质，研磨环节还有诸多细节值得关注，这里面又以研磨设备清洁维护与更换保养最为重要。当磨豆机已经研磨了足够量的咖啡豆，原本锋锐的刀盘势必会变得钝拙，不仅影响接下来研磨的均匀一致性，使得萃取率下降，还导致微观层面原本的快速切削变成较为缓慢地碾揉，这会导致效率下降，精确度降低，发热增加，从而损耗更多香气，咖啡风味因此弱化（平淡化）。此外，有些磨豆机实际工作量并不大，但如果清洁不及时、保养不佳或操作不当，也会带来各种负面问题，在此不做赘述。

8.7 我们该如何控制好研磨粗细度和一致性？

接着上一个话题，研磨粗细度和研磨一致性合在一起构成了完整的研磨质量，两者缺一不可，不应该分开讨论。

一般来说，我们会将研磨粗细度分五大区间范围：粗度研磨、中度研磨、细度研磨、精细研磨和极细研磨（图8-5）。我们首先需要围绕自己手头的咖啡磨豆机对熟豆研磨粗细度进行一个大致描述，并通过视觉观察、触感感受来不断强化认知。我一贯的教学方法是选用颗粒状的白砂糖、干酵母粉、食盐、面粉这四种常见物品作为重要参考物进行类比描述。粗度研磨（Coarse Grind）的咖啡粉大体接近白砂糖颗粒晶体的粗细程度，平均1颗咖啡豆被分解为100~300个颗粒。中度研磨（Medium Grind）的颗粒大小介于干酵母粉与白砂糖之间，平均1颗咖啡豆被分解为500~800个颗粒，微粒直径约为0.5毫米。细研磨（Fine Grind）乍一看已经很细，定睛细看却仍然是明显的颗粒状，大小介于食盐颗粒与干酵母粉之间，平均1颗咖啡豆被分解为1000～3000个颗粒。意式浓缩研磨（Espresso Grind，又叫作精细研磨）看上去是细密的粉末，但是用手指捏起来还微有颗粒感，其粗细度介于面粉与食盐颗粒之间，平均1颗咖啡豆被分解为超过3500个颗粒，微粒直径小于0.05毫米。最后还有一种使用较少的土耳其式研磨（Turkish Grind，又叫作极细研磨），研磨程度与面粉近似，属于完全粉末化，半均1颗咖啡豆被分解为15000～35000个颗粒。

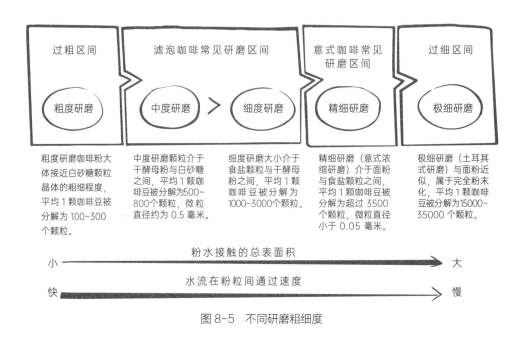

图8-5　不同研磨粗细度

实际操作中仅靠如上视觉和触感的观察显然还不够，我们会要求使用粒径分析筛网，首先准确找到你的磨豆机对应的标准杯测研磨粗细度，有了这个"锚点"，就可以在实践中进行探索，诸如"就用杯测研磨度""比杯测略粗""比杯测略细""杯测与意式研磨粗细之间就可以了"等。根据SCA的技术标准，中度烘焙的咖啡豆研磨后70%～75%能够通过美国标准尺寸20目的筛网，也就是平均1颗咖啡豆被分解为600个颗粒，微粒直径约为0.85毫米。考虑到豆子烘焙得越浅，豆体越坚硬，针对浅焙的咖啡豆杯测评估的话，我们可以将研磨刻度调节得更细一些。现如今已经有磨豆机可以直接显示研磨的粒径，这无疑让事情变得简单轻松起来（图8-6）。

研磨粗细度均匀一致是保证萃取质量的先决条件，但这种一致性是相对一致性，存在一个研磨粒径分布的概念。研磨的粒径分布可以目测判断个大概，也可以使用筛网进一步评估，最精确的是动用激光粒径（粒度）分析仪，这种设备可以将一次研磨样品通过激光衍射原理成像，再进行粒径大小分布的统计分析，最后以图表等直观形式呈现出来。结果证明，使用任何设备进行任何一次咖啡豆研磨，颗粒大小都不可能均匀一致——过粗和过细粉的存在是必然的，只是占比不同罢了。过粗的咖啡粉会导致粉水接触总的表面积缩小，咖啡粉颗粒表面距离内部的距离增加，萃取效率下降带来萃取不足的风险。反之，过细的咖啡粉会导致粉水接触总的表面积增加，咖啡粉颗粒表面距离内部的距离减小，萃取效率提升带来萃取过度的风险。

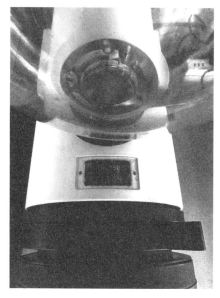

图 8-6　有些磨豆机可以直接显示研磨粒径粗细

　　越是能够在命中"靶心"的粗细度上实现一个尽可能陡然凸起的纺锤形粒径分布图，越是理想的研磨结果——所有咖啡粉质地均匀、粗细一致，萃出率最佳，咖啡呈杯风味突出，明亮感、甜度、干净度、平衡感等都将是最佳的。相反，粒径分布范围越广，命中"靶心"的粗细度凸起部分越小，甚至形成双峰、多峰而不是单峰，这些都可能是苦涩、酸涩、明亮感不足、干净度不够、风味不突出等负面问题产生的原因。也有少数咖啡师认为，豆子品质高且烘焙良好，则本身负面风味少，粒径分布略微分散些，有助于提升风味的丰富性。而假如豆子品质差或烘焙不佳，则负面风味多，粒径分布要集中一些，强调主轴风味，减少杂味带来的干扰。

8.8　什么是萃取不足、理想萃取与萃取过度？

　　我们首先要介绍一个重要概念：萃取率（Extraction Yield），萃取率又叫萃取程度，简称萃率，描述的是咖啡粉中实际被萃取出的固体可溶物（Dissolved Solids）所占比例的多少。阿拉比卡咖啡熟豆中有大约30%的物质可以溶解于水中，剩余约70%则是完全不溶于水的纤维质，而罗布斯塔咖啡熟豆中可溶解物的占比略微高过阿拉比卡，即罗布斯塔豆的最大萃取率要更高一些。

在全部可溶解物质中，既有占比略大的酸、香、甜等好风味物质，也包含占比略小的苦、涩、杂等坏风味物质。如何尽可能将好风味抽离到咖啡液中的同时，确保尽可能少的坏风味被抽离出来，便是我们的核心任务。怎么能够做到这一点呢？所幸好坏风味物质有着不尽相同的溶解析出曲线：酸甜等好风味物质总体来说拥有更强的极性，也就是亲水性，溶解速度更快一些，而苦涩等坏风味物质总体来说溶解速度更慢一些。在萃取一致性的理想前提下，我们通过冲泡过程诸多要素来控制萃取率。

有了上述认知，我们再来继续本话题探讨就轻松多了。萃取不足、理想萃取和萃取过度都是针对萃取程度的定性描述，是萃取率逐渐增加、风味物质逐渐溶解过程中的三个阶段。

如果我们从咖啡中萃取出的风味物质不够，还有很多原本应该萃取的好风味没有来得及抽取出来，那么这杯咖啡的呈杯风味就往往单薄、空洞，风味不足，甜度不够，还常常伴随有酸涩，我们将这种情况称为萃取不足（Under Extraction）。如果我们从咖啡中萃取出的风味物质过多，除了应该萃取出来的好风味外，还有一些不好的风味也一并抽取出来了，那么咖啡品尝起来会有苦、涩、混浊、不干净等负面感觉，我们将这种情况称为萃取过度（Over Extraction）。

在萃取不足与萃取过度之间，存在一个理想萃取区间（Ideal Extraction Yield），以前叫作金杯萃取，现在只建议参考：一杯阿拉比卡种咖啡的美好风味是由咖啡中18%~22%的风味物质贡献的。当然，感官才是决定性的唯一标准，高手并不会拘泥一成不变的萃取区间，还要综合考虑豆子、冲泡条件和品尝者来找到最佳答案。

如果我们将萃取的全过程放在时间横轴（X轴）的正方向上进行讨论，粉水刚开始接触的刹那为零分零秒。那么接下来，亲水性最好的小分子量风味物质会最先被萃取出来溶解到水中，它们在感官品尝中以酸味为主。接下来则是以甜为主的风味物质溶解，随后才是苦味物质，最后是涩感和其他令人不愉悦的杂味。如果萃取时间过短，那么只有一些单调的酸，甜度不足，其他风味也都稀缺，"萃取不足"指的便是这种情况；随着更多的酸和甜溶解，酸甜平衡，再伴随着适量的其他风味，就是代表萃取合适的"理想萃取"；如果此时不结束萃取过程而是继续进行的话，则会有越来越多的苦涩和其他杂味溶解进来，"萃取过度"就此形成。但不管怎样"萃取过度"，30%左右的萃取率上限是一道无法逾越的无形天堑，因为再往后将无物可以萃取了。

咖啡的萃取过程可参见图8-7。

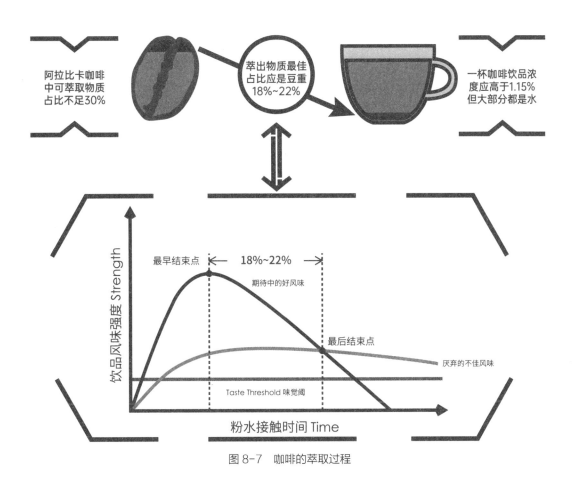

图 8-7　咖啡的萃取过程

8.9 冲泡萃取控制表与呈杯风味之间有何关系？

　　冲泡萃取控制表是将实际萃取情况大幅简化后绘制出来的一张二维表格，横轴代表萃取率，纵轴代表浓度，横轴坐标和纵轴坐标的交叉点就是最终萃取的结果，对应呈杯风味与质量。在假设咖啡粉萃取一致性有保证的理想前提下，冲泡萃取控制表既可以指导冲泡实操，也可以用于品控分析。

　　前文我们已经在横轴（X轴）方向上探讨了咖啡萃取率的问题，如果想要构成一个基本的二维坐标系，还需要一个纵轴（Y轴）。Y轴讨论的是咖啡液浓度，简称TDS。浓度是个化学术语，指的是某物质在总量中所占的分量。咖啡浓度一般使用质量百分比浓度，指每100克咖啡溶液里溶解在其中的咖啡风味物质量（以克计）。质量百分比浓度使得高精度电子秤有了用武之地，更加便于咖啡师精确冲泡。对于任何饮品来说，恰到好处的浓淡程度都严重关乎顾客的饮用体验和接受程度。浓度太低，口感寡淡，没有滋味，自然不值得去喝；浓度太高，口感过于强烈，各种味道激烈冲撞，难以接受。那么最合适的浓度是什么呢？浓度的问题其实比萃取率更加复杂，因为与每一名饮用者的年龄、性别、种族、饮食习惯、口感偏好等诸多因素有关，想要回答并不容易。厄内斯特·厄尔·洛克哈特（Ernest Eral Lockhart）博士领衔的咖啡煮泡学会（CBI）和CBC（Coffee Brewing Center，1964年新成立的咖啡冲煮中心取代CBI）为了获得美国民众的咖啡消费数据，在美国国家咖啡协会（NCA）以及美国军方支持下，用了近十年时间进行大规模调查取样，随后又进行多轮专家修订，最终确定了18%～22%的萃取率区间，并推出美国版本的最佳浓度区间：1.15%～1.35%（11500ppm～13500ppm）。1998年欧洲精品咖啡协会（SCAE）在英国伦敦成立，再次将金杯萃取区间确定为18%～22%，而最佳浓度区间则是：1.2%～1.45%（12000ppm～14500ppm）。如今SCAA与SCAE已合并为SCA，SCA建议一杯滤泡式咖啡浓度应高于1.15%并符合感官评估结果。最适合咱们中国人的咖啡浓度在什么范围呢？这个答案还有赖广大咖啡师们去做探究，有赖咖啡从业者们去做统计。可以肯定的是，中国地域广大，各地方饮食文化、生活习惯等差异极大，再加上性别、年龄、职业等因素，纵使有一个合适的浓度范围，也应该是十分宽泛的。

一个完整的关于萃取的二维坐标系已经跃然纸上了，我们将其称为咖啡冲泡萃取控制表（见图8-8）。萃取不足、萃取适合和萃取过度顺着横轴方向分为三大区域，浓度过低、浓度适中和浓度过高顺着纵轴方向分为三大区域，两相结合，便将平面分成九个方格，恰是一个九宫格，而九宫格的中心区域便是大概率的目标：理想萃取之下的适中浓度，以往将其称为"金杯萃取"，现如今称为"理想萃取"。

在冲泡实操中，我们要将尽可能多的好风味物质与尽可能少的坏风味物质结合在一起，构成最终萃取率并落在横轴形成某个确定点，我们绘制一条垂直于横轴的线。与此同时，恰到好处的浓淡程度在纵轴上也形成某个确定点，我们绘制一条垂直于纵轴的线，两条线的交叉点便是最终的呈杯风味状况。

九宫格中心区域的理想萃取区间是多数情况下我们瞄准的目标，但也仅是参考而已，实际还要通过感官评估来加以确定。咖啡粉获得一致萃取对待是控制表的理想前提，杯测等浸泡式冲泡容易做到萃取一致性，而意式与手冲等滴滤式咖啡则有实现难度，容易出现萃取通道，使得九宫格落点无误的情况下萃取过度和萃取不足并存，感官上酸涩不悦。

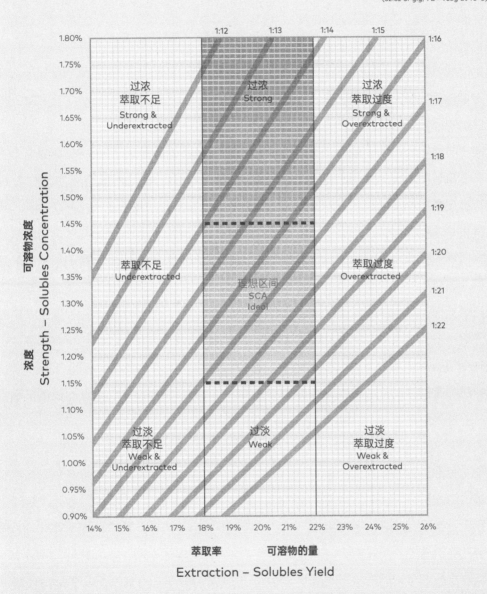

图 8-8 SCA 冲泡萃取控制表
（资料来源：SCA 官网）

8.10 怎样才能灵活掌控冲泡从而控制呈杯风味品质？

这是一个很好的问题，而且是一个很重要的问题。作为一本写给咖啡品鉴师的书籍，我们只能简单勾勒一下重点所在，却无法展开探讨。

冲泡粉水比（Brewing Ratio）是构建咖啡冲泡思考逻辑的起点，是本次冲泡的战略性格局构建，在很大程度上决定了最终获得的黑咖啡的浓度和总量（容量）。所有其他因素都应在明确了某个固定冲泡粉水比的前提下进行，也就是常说的"先选线，再实践"。原本曲线被简化为一条条近似斜线绘制在冲泡萃取控制表里，代表了不同的粉水比。

一旦确定了粉水比之后，大格局就此确定，研磨粗细、冲泡时间、冲泡水温、搅拌扰流、过滤方式和冲泡水质是接下来需要考虑的六大要素，与粉水比合在一起称为"冲泡七要素"（图8-9）。不管你是手工冲泡，还是意式萃取，一切的技术细节都可以被纳入到这"冲泡七要素"组成的技术框架中加以描述、探讨和分析，而咖啡呈杯风味品质由此组合来最终确定。

研磨粗细度对于萃取影响是决定性的。咖啡粉颗粒大小即研磨粗细程度，是非常剧烈的萃取改变手段，过细的研磨往往导致口感强烈、风味尖锐。而过粗的研磨则往往导致口味单薄，风味寡淡或有不适酸涩感。此外，研磨粗细度的改变不仅会彻底改变粉水接触的总表面积，还会影响水流通过的速度（时间），因此需要结合其他要素来综合考量。

冲泡时间（Brewing Time）即粉水接触的总时长，或者叫萃取时长（Contact Time），是经常与研磨粗细度合在一起讨论的核心因素。由于咖啡中的可溶性风味物质是逐步析出直至最终彻底溶解于水的过程，而分子量大小以及极性不同，导致其亲水性差异较大，彼此间溶解速率迥异——亲水性最强的酸味最先溶解出来，甜味其次，苦味涩感等溶解得最慢。萃取程度与冲泡时间成正比，我们设计不同的冲泡时间，会带来不同风味的一杯咖啡，进一步研究发现，酸甜等好风味物质的析出会快速攀升到达顶峰，随后缓缓下降，呈现出先快速上扬随后持续下降的抛物线规律，而苦涩等坏风味析出则是比较平缓的曲线。那么结论就来了：好风味抛物线下落之时与坏风味曲线的相交叉点，便是我们最晚应该结束的时间点。基本冲泡原则可以被解读为：必须在不好风味比好风味萃出释放得更多以前结束。

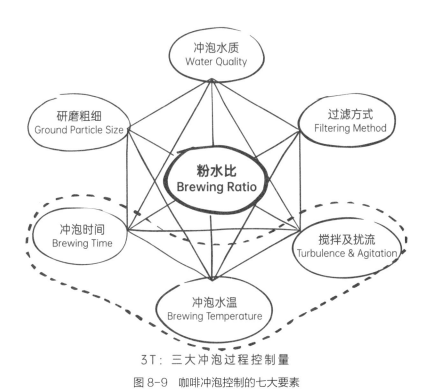

3T：三大冲泡过程控制量

图 8-9　咖啡冲泡控制的七大要素

　　冲泡水温（Temperature）、冲泡时间（Time）和扰流搅拌（Turbulence&Agitation）这三项是三个最重要的有可能改变的过程控制量，它们英文字母恰都以T开头，我们称之为"冲泡3T"。为此我们编了一句冲泡顺口溜："先定粉水比，然后调粗细，最后看3T。"而在"冲泡3T"之中，冲泡水温又是最为重要的。冲泡水温越高，蕴含的能量越大。一方面，水分子活跃度越高，对于咖啡豆体内部结构冲击越强，可溶解风味物质通过水被带离豆体转移到水中的萃取速度就越快速。另一方面，化学反应激烈程度加剧，萃出的水溶性化合物水解（Hydrolysis）速度也相应越快速。当然，咖啡中原本难溶于水的一些风味物质的溶解度也会随着温度升高而升高。由此可见，冲泡水温升高，萃取进程相应加快，反之亦然。今天精品咖啡多侧重于烘焙程度偏浅的咖啡豆，SCA建议的冲泡水温区间为90.6~96.1℃（195~205°F）。低于这个温区，我们会牺牲掉咖啡中的某些正面酸甜香风味物质，而高于这个温区则会让萃取进程过快，导致溶解过多风味化合物，最后使得咖啡变得苦、涩、杂。

　　萃取底层逻辑之下，意式咖啡和滤泡咖啡需要区别对待，而滤泡咖啡又分为滴滤与浸泡两大类，流体扩散等物理现象有着截然不同的实际表现，从而导致浓度与萃取率的变化趋势迥然有别，冲泡中需要灵活掌控来实现呈杯风味。

8.11 咖啡冲泡用水与呈杯风味品质有何关系？

咖啡冲泡用水是一个全新且庞大的话题，我们需要从咖啡师到品鉴师统一认知，构建出一个完整的技术框架。

我们需要重新去认识水。我们生活的这个世界里，水体循环由庞大的自然-社会二元水循环系统组成。其中自然水循环子系统主要由降水、地表、土壤、地下水、河流等部分组成，社会水循环子系统则主要包括城市管网、下水道、污水处理、入户供水等部分，两者相辅相成，不可分割。这导致水的种类可以分为天然水和人工处理水两大类，天然水又分为地表水和地下水两种，此类水流经地表，水中所含矿物质不会太多，但可能带有许多黏土、沙砾、水草、腐殖质、细菌和矿物盐等杂质，至少也需要用精度微米（μm）级别的PP棉去做初滤，杂质严重时还需要安装过滤精度更高的超滤，让水"干净"起来。地下水则主要包括净水、矿泉水等，此类水由于经过了层层岩石地层渗滤，泥沙黏土和细菌等一般较少，水质比较清亮，但由于和地层过分"亲密接触"，水中溶解了较多的矿物质，使得水质比较"硬"，可能需要用RO反渗透膜来做软化处理。如果我们这是评茶员的教材，水质讲到这里往往会说：各种水因水质有差异，泡出来的茶汤也有所不同，古今中外泡茶用水各有说法，但并无明确标准，结合我国当前水资源现状来看，只要是理化及卫生指标符合国家标准《生活饮用水卫生标准》（GB 5749-2006）（《生活饮用水卫生标准》（GB 5749-2022）将于2023年4月1日正式实施）各项规定的天然水和人工饮用水均可作为评查用水，但同一批次茶叶审评用水应保持一致……作为咖啡品鉴师，我们完全认同如上一番描述，但在基础上还有必要更进一步做些细节探讨。

对于我们的咖啡冲泡用水，H_2O只是溶剂，其中包含离子式溶解的电荷区物质、分子式溶解的气体区物质，以及无电荷区物质。第一部分电荷区物质包括钙、镁、钠、钾等正价阳离子，以及碳酸根、碳酸氢根等负价阴离子。天然水质必须保持中性，因此正负电荷总量相同。第二部分气体区主要是溶解于其中的二氧化碳、碳酸等。第三部分无电荷区则主要是硅酸盐以及其他有机化合物，通常占比极低。

首先，如上这些物质在水中的存在及多寡，使得萃取咖啡风味之前的水本身就是有区别的。也就是说：纯水虽没味道，但有细微风味差别，能做些差异化感官描述。纯水中矿物质含量在100mg/L时，纯水是温和且纯粹无味的。矿物质含量越来越少、逐渐趋于0mg/L时，品尝起来会越来越轻盈且寡淡，甚至给人空落落的感觉，也就是所谓的空乏感。相反随着矿物质含量增加，你可能会逐渐感受些许苦味、咸味、尖锐感、涩感和余韵。如果水中的氧气含量低于5mg/L，就会产生不新鲜的口感，也就是常说的"死水"，因此生活饮用水的水质标准规定了含氧量大于6mg/L。水中的二氧化碳含量如果达到或超过30mg/L，就会明显感受到鲜爽新鲜感，甚至是尖锐感。冲泡用水中二氧化碳含量通常为5mg/L～20mg/L，如果水中二氧化碳与空气中的二氧化碳完全达到平衡，则二氧化碳溶解量仅剩0.4mg/L，但不要忘了咖啡熟豆中还含有大量的二氧化碳，冲泡的过程中会有大量释放并溶解到水中。

其次，咖啡中的萃取物是由水溶性物质与挥发性物质组成的，共同构成了香气、味道、体脂感等感官体验，也就是我们说的咖啡风味。冲泡用水中的某些成分对于结合这些风味物质有帮助，有些成分虽对萃取没有直接帮助，但有感官上的加成或消减作用，也不可忽视。多年以前，SCAE便建议用离子电导率来量化总溶解固体率，从而量化设计咖啡冲泡用水。而早在2014年，英国巴斯大学化学技术中心博士生克里斯托弗·亨登（Christopher Hendon）就指出，水的矿物质成分会使得同一款咖啡的呈杯风味产生显著差异，各种离子间的结合力比例影响了萃取咖啡的风味。一方面，咖啡中溶解于水中的风味物质极性有别，在水中溶解性各异，越是偏极性基团越是容易与水分子中的氧原子的孤对电子形成氢键。另一方面，矿物质成分电离的钙、镁阳离子与咖啡的风味物质在水中以非共价键结合，咖啡中大量有机化合物在水中会一定程度上水解形成有机阴离子，而在水中增加钙、镁阳离子可以与它们形成静电引力，其作用力大小正比于它们带电量的乘积，因此水中钙、镁离子的浓度增大可以增加萃取的速率。亨登等很多咖啡人对镁离子情有独钟，他们认为，没有一种特别完美的水组合能够从所有咖啡豆中萃取出一致的风味，但富含镁的水能更好地提取咖啡化合物，所产生的风味取决于水中钙、镁离子和存在的碳酸氢离子（缓冲作用）的平衡。

深入研究咖啡冲泡用水的话题实在是太多，再进一步的话，我们还需要把硬度（Total Hardness）、碱度（Alkalinity）、pH等重要概念纳入讨论，问题更加复杂，将是一本厚厚的化学书籍，在此我们不做展开了，仅在图8-10中展示SCA公布的咖啡冲泡水质标准。

SCA公布的标准咖啡冲泡用水		
	目标	可接受范围
异味	干净 / 新鲜无异味	
颜色	无色	
氯含量	0 ppm	
TDS	150 ppm	75~250 ppm
钙硬度	68 ppm	17~85 ppm
总碱度	40 ppm	接近 40 ppm
pH	7.0	6.5~7.0
钠	10 ppm	接近 10 ppm

图 8-10　SCA 咖啡冲泡水质标准

第 9 章

咖啡品控篇

感官评价与杯测评估

9.1 咖啡的风味感官评价究竟要做什么?

首先,感官评价是依据人的感官感知。"感知"几乎是我们整本书的第一高频词汇,是由感觉与知觉合在一起组成的。其中,感觉是客观事物的不同特征刺激感官后在大脑中引起的反应,是人体通过受体(机械能受体、辐射能受体和化学能受体)认识客观世界的一种本能。也有人将感觉分为物理感觉与化学感觉两大类,任何感受受体都有比较强的专一性。知觉则与感觉不同,是人脑对于各种感觉信息的组织、分析和解释过程,反映的是事物的整体及其联系与关系,可以说叫作"意义"。本书多用"感知"一词,便是强调了感官评价绝不仅仅是探究感觉本身,更要找寻意义所在。

其次,感官评价针对的是一整套科学方法,因此又被称作感官评价法。《食品感官评价》一书中有着明确的描述:食品感官评价是用于唤起、测量、分析和解释通过视觉、嗅觉、味觉、触觉和听觉等感受到的食品及其材料特性所引起的反应的方法,包含刺激受试者、测量受试者响应、收集数据、分析对比、解释结果和理解推理等一系列的过程和方法,解读咖啡的风味感官评价可以由上述描述中获得,同样需要有一定的统计学方法作为基础,并且需要应用大量的生理学、心理学知识,是多学科交叉的应用领域。

再者,感官评价包括分析型感官评价(Analytical Sensory Evaluation)与偏好型感官评价(Affective Sensory Evaluation)两种类别。前者又细分为判别式与描述式两类,多用于选品、竞标、测样、打样、品控、描述等场景,往往需要组建专业的感官评价小组,杜绝不适当的参与者,规避个人偏见和非主观判断,把评价项目分类,逐项评分,定量化评估对比;后者强调个人偏好,又称为情感式,常应用于面向终端消费者的诸多场景中,参与测试者当下的随机感觉起到了很大作用,不刻意放大也不过度介意某些个人判断的不稳定性,如爱好者杯测、大众盲品、吧台品尝、咖啡市集等。后文将要讲解的杯测可以通过更换不同杯测表,既用于分析型咖啡风味感官评价,又用于偏好型咖啡风味感官评价。总的来说,咖啡感官评价并不专属于专家和从业者,任何普通消费者都可以且应该参与到咖啡感官评价中来!

此外,感官评价与理化分析往往需要结合。一般来说,感官评价是不可或缺的,也是流程设计上妥妥的第一步,这一步有着理化分析环节所不能替代的准确性和优越性。随着科技的发展,各种用以取代人体感官的电子感觉器官正迅速出现,但就当下来说,视觉（电子眼、图像识别、色差计等）、听觉（听觉仪等）和触觉（质地测试仪、流变仪等）分析仪器已经比较成熟了，但味觉（电子舌）和嗅觉（电子鼻）还停留在非常原始的阶段，而且预测将在较长时间内无法替代人的作用。也正因此，我们在判断食品质量时，感官指标往往具备优先性和否决性，也就是我们所说的"一票否决权"。咖啡呈杯风味不好的话，就可以排除掉直接出局了，无须再做更多理化分析。但与此同时，由于感官性状变化程度的不可测，再加上一系列难以精确掌控的客观条件与主观因素，仅仅做感官评价是远远不够的，使用仪器来做理化分析不可缺少。

最后，环境条件对于食品感官评价影响很大——评测样品品质和评价人员身心状态。为了尽可能消除或减少环境影响，卫生无异味、通风良好、室温20～25℃、湿度45%～55%、照明符合标准光源ISO3664等是基本要求，也可以构建专业感官分析实验室（图9-1、图9-2、图9-3）。

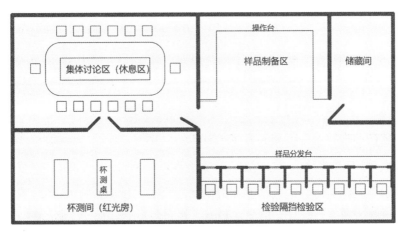

图 9-1　咖啡感官评价实验室布局示意图

图 9-2　咖啡杯测桌样式示意图

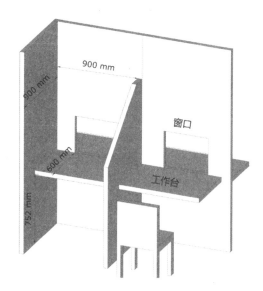

图 9-3 咖啡感官评价价格挡工作区示意图

9.2 杯测的意义是什么?

作为一名在咖啡行业里摸爬滚打了十五年的"资深业者",我恰好亲历了精品咖啡运动在我国兴起的完整过程,更对咖啡科学化浪潮掀起前的"旧咖啡时代"有些体会:见识过赤着足、微眯着眼、边扭动躯体边冲泡咖啡的"某某大师",看上去着实惊为天人;猫屎咖啡爆火之时也喝过不少,从印度尼西亚到中国云南,从麝香猫到果子狸;去东南亚旅游期间还猎奇喝过鸟粪咖啡和丝袜咖啡,名字不太雅,叫人浮想联翩,但也只是风味普通的咖啡而已;听闻泰国还曾有过价格媲美黄金的象屎咖啡,因为实在过于昂贵无缘品尝;经历过牙买加蓝山咖啡的泡沫,过季的蓝山咖啡也一度卖出了天价;恶臭难闻的特殊曼特宁咖啡豆被比作陈年普洱茶高价售卖……

如上那些乱象不忍回首。2012~2013年是个转折点,噱头满满的天价咖啡一夜之间不那么"香"了,甚至很多销声匿迹了。为什么呢?精品咖啡运动在国内的兴起是最主要的原因。过去那个由生产者和经销商掌握话语权、编造营销噱头、囤积居奇的"卖方市场"变成了由掏钱喝咖啡的人说了算的"买方市场",对于真正好喝的咖啡我们愿意多掏钱,对于不好喝的咖啡我们只肯少掏钱,甚至不屑一顾。可以想象现如今无处不在的杯测场景:若干款咖啡样品摆在桌上盲测,没有标签牌,没有聚光灯,没有挤眉弄眼和私相授受，也没有那些哗众取宠的故事和噱头作为铺垫，从干香到湿香，从酸质到甜度，从醇厚度到余韵，不同的温区逐一感受下来，可能还要去精细化打分……负面风味无处遁形，出类拔萃自然会脱颖而出。这，就是杯测的魅力！

杯测的价值还远不止这些。同样一杯咖啡分别摆放在一群人面前，请大家给予评价。张三素来随和，点头微笑道："很好。"李四脸上洋溢着满足至极的神色，伸出大拇指连声赞道："太棒了！"王五一贯惜字如金，只挤出一个"好"字来。赵六则眉头微蹙，沉默许久幽幽道"还行"……如上这样做咖啡品评会，越是增加样本量，结果越发叫人崩溃，也不可能得出有价值的结论。咖啡终究是种饮品，任何饮食的感官体验都是非常主观的感性行为，正所谓"萝卜白菜，各有所爱"，如果不能将其量化为一套众人认可并共同遵循的统一标准，则难以客观呈现，难以形成共识，更难以沟通交流。杯测可以解决这个棘手的问题！

在精品咖啡时代来临前，杯测等咖啡感官评估手段就已诞生，但更多只是某些贸易商选品和大货测样的工具，未能全行业普及，而且主要用来"找瑕疵、挑毛病、防调包"，意义价值相对有限。作为精品咖啡时代的"标配"之一，咖啡杯测的价值被几何级数放大，如今已成为咖啡全产业各环节进行品质控制、差异评估、风味描述、交流分享和喜好决策的"利器"。一方面，杯测是咖啡品鉴师最基本的职业技能，是咖啡世界沟通交流、描绘咖啡的通用语言；另一方面，所有咖啡从业者都需要参与品控，都需要学习杯测，并将其应用到自己的工作中。纵使是一名咖啡爱好者，杯测也是探究咖啡奥秘、享受咖啡之美的最佳钥匙。

9.3 杯测究竟是什么？
如何开展杯测？

有了前文对于杯测意义的阐述后，我们再来看什么是杯测。杯测（Cupping）诞生至今已经有上百年的时间，起初只是咖啡生豆商们寻豆选品、快速验货、防止调包、避免货不对版的手段。现如今到了精品咖啡时代，杯测得到了普及和升华，可以说是科学客观鉴定并描述不同咖啡的风味与特质的一套方法。

杯测开展起来非常简单，采用的是完全浸泡式，无须任何专业咖啡冲泡设备器具，只需若干个洁净无污染的杯子（甚至可以是纸杯）即可，冲泡过程更不需要任何技巧，统一对待每款样品，这样可以客观、稳定、一致地萃取咖啡，排除人为因素干扰，呈现出最真实的杯中风味。

由于感官认知具有主观性，不同人品尝同一种咖啡豆一定会有截然不同的见解，为了增加杯测评分的可信度和可用性，更为了让杯测成为咖啡世界的全球通用语言，一整套彼此能达成共识的评分标准十分重要。SCA/CQI杯测表与COE杯测表是目前两大通用的杯测体系，其中又以前者普及率最广，认可度最高，很多企业内部的杯测表也是在此基础上修订而来的。

作为咖啡企业的老板，我要求全体同事都具备称职的杯测能力，不管是生豆采买，还是烘焙生产等都要基于杯测结论来决定下一步工作，"烘焙—杯测—思考讨论—再烘焙"，这是必须遵循、不断往复进行的工作流程，脱离杯测的咖啡经营行为要么是暴殄天物，要么是盲人摸象，难免远离实际情况。

杯测有一套标准化的流程（图9-4），以SCA杯测为例，经过SCA标准烘焙的咖啡豆在做杯测时需准备：杯测碗（含杯测碗盖）、杯测匙、控温壶（热水壶）、漱口杯（吐杯）、捞渣时盛接咖啡渣的容器（渣杯）、清洗杯测匙的清水、纸巾等。

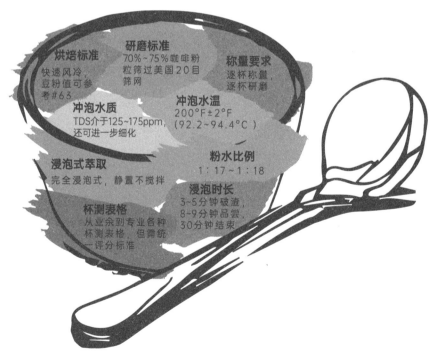

图9-4　杯测是一套简单且标准化的技术流程

我们先说杯测的咖啡豆样品。精品咖啡通常是微批次烘焙的产物，与动辄五六十千克一锅的商用咖啡烘焙有所不同。咖啡豆样品应为杯测前24小时内烘焙、出锅后快速风冷至室温的，至少应放置8小时再包装好，并避光静置排气（无须冷冻或冷藏）。进一步来讲，样品熟豆烘焙时长为8～12分钟且无瑕疵，以M-Basic（Gourmet）Agtron的标准色值来说，豆粉值为#63（±1），使用#65色卡即可。至于早先为何选择这个烘焙色值作为杯测标准前文已经详细讲述过，在此不作展开。

再说一下称量的问题。对于普通咖啡爱好者或品鉴学习者来说，杯测时每个样品称量一杯即可，这样既简单又节省豆子。如果是有目的性的专业杯测场景，则需要逐杯严格填写杯测表上样品的一致性（Uniformity）和干净度（Clean Cup），那么同一个样品需要逐杯称量、逐杯研磨，并每款样品准备3～5杯。此外，每个样品研磨前必须先用少许同款豆子干洗一下磨豆机，避免不同样品彼此间的干扰，我们称之为"洗磨"。杯测的研磨粗细度接近于手冲，70%～75%的咖啡粉粒能筛过美国20目标准筛网。

作为完全浸泡式，杯测粉水比如何确定呢？官方建议杯测粉水比例为1∶18，即11克的咖啡粉大约注入200毫升的水量。如果都用克为单位的话，1∶17也是没问题的。建议的注入热水在温度为92.2～94.4℃（200℉±2℉），我们在实践中一般选择93℃。使用热水壶或控温壶注水，从粉水接触开始计时，浸泡3～5分钟再破杯和捞渣，统一按浸泡4分钟为宜。

最后就是杯测的水质。理想的水质TDS（Total Dissolved Solids，总固体溶解量）应该介于125～175ppm，并且为新鲜干净、无色、无沉淀、无异味、无氯残留的过滤水。前文对于水质有更为详细的讲解，欢迎大家对照阅读。

9.4　怎样了解杯测的评价尺度？

我们以最为通用的SCA杯测表为例加以说明。首先应该关注右上角的评价尺度（Quality Scale，图9-5）。由于我们是针对精品咖啡做感官评估，6.x分是我们评价的起始区间，按照0.25为最小刻度将本区间分为6.00分、6.25分、6.50分和6.75分这4个具体评分，英文描述是"Good"，中文描述为"尚可"，或者称作"还凑合"更加恰当。对于精品咖啡来说，给予6.x并不是令人满意且愉悦的，在精品咖啡评估中，在咖啡品鉴师的日常术语中，"6.x""7分以下""很难达到7分"等都应该算作是明确的负面差评。

7.x分（7.00分、7.25分、7.50分和7.75分）是一个重要的评分区间，英文描述是"Very Good"，中文描述为"良好"，咖啡品鉴世界的"良好"对应的便是咱们精品咖啡品鉴世界的"及格"。我们可以将7.00分视作迈进精品咖啡门槛前的最后一步，属于将要达到精品咖啡品质要求的状态。为什么这么说呢？我们可以观察一番SCA杯测表共计10项，除通常情况下一致性、干净度与甜度拿下30分以外，其余7项都需要逐项严格评价。而假如这7项都是7分的话，则共计取得49分，加上前面拿下的30分，最终合计为79分，仅距离精品咖啡80分的达标线相差区区1分。一旦评分超过7分，则可以被认定达到了精品咖啡品质的最低要求，相应的7.25~7.75分属于明确的精品咖啡范畴，感官体验时应该是没有明显瑕疵且基本令人满意的。

评价尺度（*Quality Scale*）

6.00-尚可（GOOD）	7.00-良好（VERY GOOD）	8.00-优秀（EXCELLENT）	9.00-卓越（OUTSTANDING）
6.25	7.25	8.25	9.25
6.50	7.50	8.50	9.50
6.75	7.75	8.75	9.75

图 9-5　SCA 杯测表的评价尺度

再进一步就是8分。8.x分（8.00分、8.25分、8.50分和8.75分）无疑能够算作是令人兴奋的精品咖啡了，英文描述是"Excellent"，中文描述为"优秀"。在严苛的精品咖啡品鉴师心目中，8.x分也是令人愉悦且值得分享推荐的。我们专业咖啡人给予一款咖啡或某一个单项高度赞赏时，经常会用上不上得了8分来指代。如果是评价咖啡的香气或风味，8.x分意味着能够明确感受到几个令人欢喜的美好关键词，所以你通常需要在杯测表的备注栏里写上若干个令人愉悦的风味关键词。

至于9.x分（9.00分、9.25分、9.50分和9.75分）则无疑是大神级别的咖啡，专业的精品咖啡品鉴师或许还能接触不少，但大众却无疑罕见难寻，日常杯测中很少出现，英文描述是"Outstanding"，中文描述为"卓越"。试想一下，假如某款咖啡豆单项平均达到了9分，则意味着总分能够达到93分，这是多么惊人的高分呀。因此我的两点建议是：第一，咖啡品鉴师要足够严肃认真对待9.x分，不是说这个分值绝对不能触碰，却要足够谨慎客观，用理性去评价，而不是感性，更要避免咖啡以外的因素干扰。第二，对于大众咖啡消费者来说，如果某款咖啡商品描述中提及杯测达到90分或更高，请你务必"将信将疑"，进一步了解评分者或评分机构的背景，不可盲目轻信。

9.5 杯测评估第一步仅针对香气吗？应该如何开展？

是的，杯测评估的第一步一般是针对干湿香气来展开。

在样品咖啡豆研磨好、承装在杯测碗里的最多15分钟时间内，我们应该去嗅闻干粉香气（Fragrance），这是我们感官评价咖啡的"第一印象"。待注水完成后的静置等待期，也可以去嗅闻一下香气，我们称作"壳香"，算作"湿香"的范畴。大部分情况下，静置4分钟后开始进行破渣（或叫作破杯）操作。专业杯测时会统一约定大家破渣的技术动作，确保不同样品的萃取一致性得到保障。

破渣的常见技术动作是：以杯测匙的背面从靠近自己的一端向远离自己的一端拨开表面咖啡粉层，一般重复两三次即可。但需要注意的是，杯测匙在放进另一杯咖啡样品之前，必须用清水涮洗（使用涮洗杯）并基本沥干（使用厨房专用纸巾），这样可保证不同杯之间的咖啡液不会彼此混合。

破渣全部完成后再逐一进行撇渣操作，务必尽可能快速地将表面咖啡渣去除干净，这样可以保证啜吸时不会被粉渣呛着。撇渣的最常见方法是左右手各拿一把杯测匙，相向横持，两者顶部贴合，贴着液面和杯测碗边缘，从远离自己一端向靠近自己一端平平刮一遍。技术熟练的话，最多操作两下便可将表面漂浮的咖啡渣完全清除掉。撇渣完成后，时间还有剩余，我们不妨再花一些时间继续嗅闻咖啡液表面释放的香气，我们将此称为湿香（Aroma）。干湿香气的感受合在一起的总体评价写入杯测表格的Fragrance/Aroma（干/湿香气）一项中，完成我们对于咖啡香气的综合评估。

9.6 杯测评估第二步是针对哪些内容？
应该如何开展？

香气评价之后，我们进入杯测的第二步。这一步需要评估的内容比较多，包括：风味、余韵、酸质、体脂感和平衡性等项目。

如果从注水开始计时，室温状态之下，在第8.5～9分钟咖啡液的温度会降至约70℃（160℉），这时就可以啜吸了。当然如上这番将时间与咖啡液温度相关联的描述仅是我根据过往经验给予的参考而已，实际情况还需读者自行测算。温度太高时着急啜吸并不可取，这样做不仅可能伤害味蕾和食道，感受的风味其实也并不明显，更何况世界卫生组织下属的国际癌症研究机构已经明确警告，长期饮用65℃以上的热饮可能增加罹患食道癌的风险。有些经验丰富的品鉴师会使用散热更好的银质杯测匙，舀取咖啡液后吹几下再啜吸，这样自然不存在温度过高的问题。

在品尝温度上，品茶与咖啡品鉴大体一致。评茶员标准中认为50℃左右比较适合评味。啜吸咖啡的第一口温度相对最高，杯测表上的风味（Flavor）和余韵（Aftertaste）在此温区感受评估，随着温度缓缓下降，40～65℃应该是我们着力啜吸品尝的温度，可以评估填写杯测表上酸质（Acidity）、体脂感（Body）和平衡性（Balance）这几项。正如前文描述过的那般，各种味道的察觉阈会随温度而变化，甜味在50℃以上时感觉比较迟钝，甜味和酸味的最佳感觉温度在35～50℃。

事实上随着温度下降，我们会多次啜吸来综合权衡这几项，"一口即落笔"有时过于草率，并不建议，涂改变更也是常有之事。我们经常说一款咖啡风味好不好，可见"风味"是反映咖啡品质和特色的核心项目，用以描述咖啡液啜吸进入口腔后直至从鼻腔穿出这一过程中，味觉和嗅觉的综合感受，质地好坏、强度高低以及复杂性都要考量，是介于"干湿香气"与"余韵"之间的感官体验。前文已对风味做过详细解读，欢迎读者前后文结合阅读。

"余韵"紧接着"风味"而至，是咖啡液汽化、吞咽或吐出后，接下来短时间内在口腔和上腭残留散发的综合感受。短促、空乏、紧涩、沉苦等都是可以给予扣分的负面评价。反之，愉悦感受悠长持续、回味无穷显然是非常正面的评价。

良好的"酸质"经常会用"明亮""明媚""成熟水果""活泼"等修饰，它给予了咖啡骨架感、甜度、新鲜感和活力，让人愉悦生津、胃口大开，是那种水果完全成熟后的甜美风味，而品质低劣的酸质则常用"酸腐""沉闷""尖锐"等形容词。可见"酸质"一项得分的高低取决于质地，即令人愉悦的程度，而不是酸度强弱高低。

"体脂感"又往往参照品酒学中"酒体"的概念而称作"咖体"或醇厚度，根据口腔中舌面和上腭之间咖啡液的触感来评价，是重量感、黏稠感和顺滑感的综合评价，除了"顺滑"一定优于"粗糙"，"厚实""饱满"可能会获得高分，"轻盈""柔绵"也有可能得到高分。

"平衡性"又叫作"平衡感"，比较微妙，最需要反复实践体会，它指的是风味、余韵、酸质和体脂感这四项感官之间和谐、调和、互补以及相互支撑的程度，这四项中某一项太过强烈或者太过平淡，都可能是我们在平衡性上给予扣分的合理理由，反之，相辅相成、相互促进、相得益彰则都是正面的评价。在我们通常杯测评价中，风味、余韵、酸质和体脂感这四项的评分与平衡感之间是有密切关联的。

$\boxed{9.7}$ 杯测评估第三步是针对哪些内容？应该如何开展？

杯测第三步主要用来评估一致性、干净度和甜度项目。看似评价项目不多，但评价复杂性和技术难度却是最高的。

随着样品温度进一步下降至接近室温时，温度大约在37.7℃（100°F）以下时，我们需要对一致性（Uniformity）、干净度（Clean Cup）和甜度（Sweetness）做最终的评价，形成"一锤定音式"的判定。正如前文描述过的那般，咸味的最适感觉温度为18～35℃，当温度在22～27℃时，对于咖啡品鉴偏负面的咸味和苦味觉察阈限最低，较低的品尝温度便于辨析发现负面且隐秘的呈杯风味细节。

专业杯测之时，品鉴师会逐杯进行针对性评估，同一款样品3～5杯是彼此明确的且不可随意挪动。通常情况下，每款样品研磨5杯，并按照每杯2分，满分共计10分来评判。一旦在某一杯发现问题，我们会在对应小方格上打叉并扣除2分。"一致性"非常好理解，"干净度"则指的是咖啡从啜吸入口到余韵为止，有没有破坏性的、不和谐的负面风味来冲击，不澄澈如一的混浊感是最有可能在干净度一项扣分的原因。有两种情况需要额外关注。

情况一：同款样品5杯完全相同，但左起第2杯出现了混浊不干净的负面问题。那么显然需要在左起第2杯的干净度和一致性上打叉做标注及扣分处理。

情况二：同款样品5杯中，左起第2杯明显不同于其他4杯的风味，但并没有混浊不干净等负面感官问题，那么我们仅仅需要在对应的一致性上标注并扣2分，干净度无须扣分。

再来说一下甜味问题。我们做SCA标准阿拉比卡种精品咖啡杯测时，不能指望黑咖啡如加了蔗糖的甜水那么明显发甜，"甜度"对应的反义词是酸腐、青涩、干涩、青草、无甜感等负面风味。在实际杯测中，较高品质的阿拉比卡种咖啡由于果实成熟度足够，再加上烘焙过程中发生了美拉德反应等，一定量的碳水化合物等甜味物质切实存在，肯定较纯水要明显更甜一些，我们会认为甜度达到了要求，所以这一项常常可以给予满分10分的判定。但如果我们不是在做SCA标准杯测，而是烘焙赛杯测等应用场景，则需要对甜度进行评估打分，那又是另一回事了。

9.8 杯测评估第四步是最后评分吗？应该如何开展？

是的，杯测评估第四步是填写综合考量并核定计算最后的得分。

当杯测样品温度下降至室温21℃（70°F）左右时，我们认为杯测碗中的咖啡已经凉透了，在此之前应该停止杯测评价。此时我们先将第10个单项综合考量（Overall）填上。完成所有单项评分后，再去计算总分及瑕疵扣分。综合考量的分数既要基于前面各个单项的实际得分，不能悬殊太大，也要适当将个人情感好恶融入其中，合理表达你对这款咖啡的整体评价，我们经常将其称为杯测者评分（Cupper's Point）。

然后，我们需要将10个单项评分加起来，填写到右上方"总分（Total Score）"中。有了总分后，我们还要计算瑕疵缺陷（Defects）扣分。瑕疵缺陷指的是负面或不好到足以影响咖啡品质的风味。其中程度比较轻微的强度设定扣2分，称为"瑕疵（Taint）"，是能够被嗅闻或啜吸时觉察，令人蹙眉但并非压倒性的，勉强可以下咽的负面风味。而"缺陷（Fault）"则是程度比较严重的情况，强度设定扣4分，是一种明显的、压倒性的、难以接受的、根本无法下咽、必须立刻吐出的负面风味。瑕疵缺陷按照问题杯数统计后，将其从总分中扣除掉，得到这款样品的最终杯测评分（Final Score）。

所有的单项打分和最终项杯测评分都写在各个区域的右上角方框中，最简化的一场杯测评分也必须完整填写这些项目才算真实有效。在杯测过程中，另有水平尺度用来临时标记和描述实时感受，垂直尺度用来记录强度（Intensity），备注（Notes）栏用于记录关键词作备忘查询。初学者可以适当简略，随着功力日渐精湛，这里可以记录的东西也会越来越多。虽然简单的加减法计算对于几乎所有咖啡品鉴师都不构成难度，但在很多有压力、大规模、赶时间的评测场景下，还是难免出现低级计算失误。而且咖啡杯测评估是一项颇为消耗脑力的过程，却要为加减法计算去平白消耗更多精力着实也不划算。因此，最近这两年一系列数字化杯测工具便应运而生，数以万计咖啡从业者迅速采用，让原本传统纸质填表的杯测环节进入到了数字化评估品控时代，拿着手机，拇指轻点，便能快速、精准完成杯测，不仅不再需要为加减法计算担忧，更可以随时保存、对比、修改和分享，着实前进了一大步。

最后得分低于80分的咖啡样品为非精品级咖啡（Not Specialty），品质被认定为低于精品咖啡标准。80分及以上则被认定为精品级咖啡，其中80～84.99分被称为"Very Good"，我们习惯称之为"入门级精品咖啡"或"80+咖啡"，是精品咖啡大家庭中最为庞大的群体，是都市里那些平价精品咖啡店主要供应的产品，兼顾提神与口味的性价比之选。85～89.99分被称为"Excellent"，已经堪称竞赛级精品咖啡，我们习惯称之为"85+咖啡"，现如今也成为了富裕的咖啡发烧友们的口粮咖啡。严谨杯测下得到90～100分的咖啡样品则是被认定为"Outstanding"，堪称不可多得的好咖啡，是咖啡世界金字塔尖的"明珠"。

杯测的基本步骤流程示意图可参见图9-6。

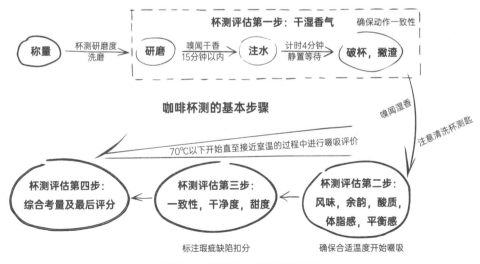

图 9-6　杯测的完成流程示意图

9.9 如何用手机开展杯测？

数字化转型是当下各行各业正如火如荼展开的工作，咖啡行业同样不例外。通过手机开展杯测具备如下几大优点：第一，方便快捷，可随时随地开展杯测工作，无须准备纸质杯测表、铅笔、橡皮、板夹等烦琐事物；第二，环保，避免浪费纸张；第三，省去了手动核分与统分的烦琐工作，降低了咖啡品鉴师的不必要工作量，还使得出结果更加精确快速；第四，更加便于开展大规模杯测和杯测会，有助于后续的进一步统计分析。

那么如何用手机开展杯测呢？我们以某微信小程序为例来加以说明（文前彩图9-1）。

第一步，微信小程序无须下载专门的APP，具备用完即走的特性。打开微信小程序首页，点击"创建"进入录入工作界面，直接点击"杯测"即可。

第二步，填写杯测标题、杯测地点等信息，杯测时间将由系统自动生成。"单人杯测"指的是一名品鉴师评价若干款指定豆子的最常见场景，"杯测会"则指的是多位品鉴师评价若干款指定咖啡豆的场景，需要有一位发起人，且往往众人的评价结果需要汇总统计分析。生豆商组织举办的某批次品鉴会往往可以采取杯测会模式。

第三步，选择需要杯测的一款或多款咖啡豆。此时将调用已经创建的生豆单和熟豆单，直接勾选即可。如果尚未创建生豆单或熟豆单，则还需要有个简单的录入生豆或熟豆的过程。

第四步，"杯测表类别"中选定本场杯测将要使用的杯测表（图9-7）。不同的杯测表意味着杯测将要遵循的不同评价标准，我们需要考虑杯测场景、杯测目的、咖啡产品的目标受众等。如果咖啡产品只是面向大众消费者，对于呈杯风味细节要求不高，那么"消费者风味评价"足矣，如果是咖啡烘焙师在做竞技赛事打样，可以考虑使用"烘焙赛杯测表"，如果是咖啡品鉴师做日常品控，建议使用"阿拉比卡标准杯测表"。

第五步，此时此刻，我们进入到了杯测评价的界面。任何使用过纸质杯测表的读者都能很快上手——原本的手写评分变成了手指轻松滑动来打分，原本手写风味关键词变成了从风味关键词库中轻松点选（图9-8）。当然，系统还是支持用户填写补充个性化的风味关键词。发现风味瑕疵怎么办？手指轻点一下，变更实现自动标注和对应扣分。更为重要的是，不管你同时杯测多少款豆子，再也不用手动核算分数，杯测完成即实现了百分百正确

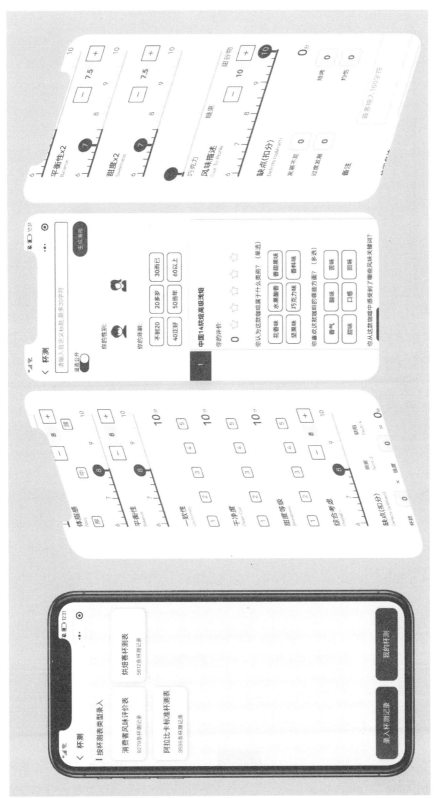

图 9-7　不同的杯测表意味着杯测将要遵循的不同评价标准

147

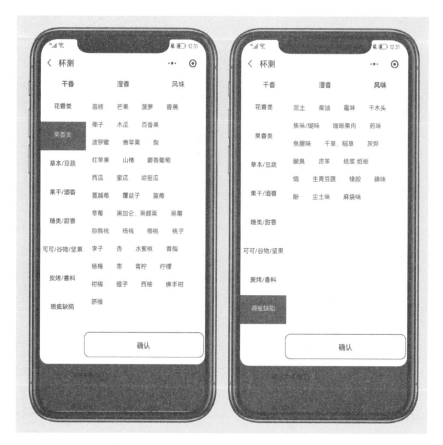

图 9-8　系统推荐的高频风味关键词库对于初级咖啡品鉴师非常实用

的统分。

第六步，杯测完成后，结果将自动收录在个人杯测记录中，你可以将其转发给其他人分享。如果你将本场杯测设置为"公开"，那么会有更多人浏览学习，并给你评论互动。一起学习提高、交流分享终归是令人愉悦的事情（文前彩图9-2）。

9.10 为什么说咖啡品鉴师需要关注
并应用卡诺模型？

1979年，日本东京理工大学狩野纪昭（Noriaki Kano）教授等人撰文《质量的保健因素和激励因素》（*Motivator and Hygiene Factor in Quality*），首次将满意与不满意标准引入到了品控与质量管理领域，并于1982年的日本质量管理大会上发表了研究报告《魅力质量与必备质量》（*Attractive Quality and Must-be Quality*），卡诺模型（KANO Model）就此形成。

卡诺模型是一种研究影响顾客满意度构成因素的方法论，过去数十年间在诸多领域广泛应用，不仅可以用来辅助做需求分析，还能够进行产品质量控制。在卡诺模型中，我们通常会构建一个X-Y轴的二维坐标系。X轴代表产品某一属性特征的存在（显性）程度，越往X轴正方向移动，代表产品在这一属性特征上越是表达明显，需要投入做的也就相应越多。Y轴代表顾客的满意度/认可度，越往Y轴正方向移动，代表顾客的满意度和认可度越高，体验溢价也就越好。构建了这二维坐标系之后，我们就分析产品属性特征和用户满意度之间的关联，并描绘出五种截然不同的曲线（文前彩图9-3）。

魅力品质曲线。如果产品不具备这种属性特性，顾客并不关心；而产品一旦拥有此属性特性时，顾客会非常满意。

期望品质曲线（一维线性品质曲线）。如果产品的此特性做得越多，顾客会越满意；而做得越少则越不满意。

必要品质曲线。如果此特性做得很好，顾客并不会有什么感觉；但没有此特性顾客会非常不满意。

无差异品质曲线。此属性特性不管做多做少，其实顾客都不会在意。很多时候都是一种徒劳投入的自我满足行为。

反向品质曲线。如果产品中有此属性特性，顾客反而会不满意，做得越多越糟糕。

对于因热爱咖啡而入行的咖啡创业者来说，卡诺模型非常具有价值。日常经营中，你有多少的心血灌注其实顾客无法感知？你有多少的成本投入其实只是一种自我满足？顾客其实非常在意的很多细节你是否有意或无意在忽略？

对于包括咖啡在内的所有食品生产企业来说，产品研发都是营收与利润之源，而质量控制则都是最为核心的使命，而落实食品生产卫生规范（GMP），确保食品具有高度安全性的良好生产管理体系则是重中之重，咖啡品鉴师的工作便是这其中殊为重要的一环。我们在大量的实践和调研后发现，尝料做感官评价只是中高级别咖啡品鉴师工作的重要组件部分而非全部，某些高级咖啡品鉴师甚至还能够胜任企业里的研发主管和品控主管的工作，因此拿到数倍于同行中位数的薪水。

从研发主管的职位要求来说，需要深入挖掘终端消费者的需求，分析市场机会推出新品创意，并跟进新品策划、概念创新、产品开发、工艺设计、包装上市等完整流程，组织协调和相关部门的沟通，确保产品顺利上市并大获成功。从品控主管的职位要求来说，需要根据公司实际情况更新和完善品质管理相关标准和流程，参与建立有效的产品质量安全管理模式，参与到对供应商以及OEM厂商的管理工作中，并且熟悉ISO、HACCP、GMP、BRC等管理体系。能够将如上两方面兼而治之实现难度不小，但无疑是每一位咖啡品鉴师值得努力的方向。

我们在杯测章节讲解卡诺模型便是蕴含了这么一份期待，希望咖啡品鉴师们将其引入到从研发到品控的实践工作中，提前知晓企业现状，了解咖啡产品的市场定位，分析目标客群的需求和满意度，洞悉顾客价值所在，而这些才是我们开展工作的充分前提条件。如果对此一无所知，盲目开展工作，极易走入两个极端：品控时一丝不苟，严苛到极致，企业产品研发为此投入不菲，但目标顾客要么无从感知，并不买账，要么还会因定价上涨等因素而产生负面的情绪；品控时标准松懈，粗糙敷衍，以为顾客也无法感知，但企业将产品投入市场后发现口碑下降，顾客满意度下滑，更糟糕的是竞争对手却很有可能通过差异化的品质赢得了市场。

参考文献

［1］ 黄家雄，李贵平，杨世贵．咖啡种类及优良品种简介［J］．农村实用技术，2009．

［2］ 周斌，任洪涛，秦太峰．两种前处理方法在云南小粒咖啡香气成分分析中的对比［D］．现代食品科技，2013．

［3］ 胡倩倩，王洪新．速溶咖啡的挥发性成分分析［D］．安徽农业科学，2014．

［4］ 董文江，胡荣锁，宗迎，等．利用HS-SPME/GC-MS法对云南主产区生咖啡豆中挥发性成分萃取与分析研究［D］．农学学报，2018．

［5］ 董文江，程可，胡荣锁，等．色谱指纹图谱技术在咖啡质量控制应用中的研究进展［J］．现代食品科技，2018．

［6］ 张洪波，郭铁英，匡钰，等．影响云南卡蒂姆咖啡杯品质量的因素及对策［J］．热带农业科技，2018．

［7］ 沈晓静，字成庭，辉绍良，等．咖啡化学成分及其生物活性研究进展［J］．热带亚热带植物学报，2021，29（01）：112-122．

［8］ 桑德尔·埃利克斯·卡茨．发酵完全指南［M］．成都：四川人民出版社，2020．

［9］ 艾弗里·吉尔伯特．鼻子知道什么［M］．长沙：湖南科学技术出版社，2013．

［10］韩北忠，童华荣，杜双奎．食品感官评价（第2版）［M］．北京：中国林业出版社，2018．

［11］牟杰．评茶员［M］．北京：中国轻工业出版社，2021．

［12］张洪波，郭铁英，匡钰，等．影响云南卡蒂姆咖啡杯品质量的因素及对策［J］．热带农业科技，2018．